高职高专通信类专业系列教材

程控交换设备运行与维护

姚先友　赵　阔　主编

科学出版社

北　京

内 容 简 介

本书是对编者多年的教学实践探索及数字程控交换机助理工程师认证教学经验的提炼和总结。全书以典型的操作案例作为载体，结合深圳中兴通讯股份有限公司商用的数字程控交换机 ZXJ10，科学设计教学内容。全书分成 7 个单元，主要包含电信网络基础理论知识、ZXJ10 设备硬件构成、数据配置和软件安装的技能训练、交换技术的最新发展等内容。

本书可作为高职高专通信技术、计算机通信、移动通信、通信工程等相关专业的教学用书，也可供广大工程技术人员参考使用。

图书在版编目（CIP）数据

程控交换设备运行与维护/姚先友，赵阔主编. —北京：科学出版社，2012
（高职高专通信类专业系列教材）

ISBN 978-7-03-033677-4

Ⅰ. ①程⋯　Ⅱ. ①姚⋯ ②赵⋯　Ⅲ. ①程控交换机-高等职业教育-教材
Ⅳ. ①TN916.428

中国版本图书馆 CIP 数据核字（2012）第 032639 号

责任编辑：孙露露／责任校对：马英菊
责任印制：吕春珉／封面设计：蒋宏工作室

科学出版社 出版
北京东黄城根北街 16 号
邮政编码：100717
http://www.sciencep.com
北京市京宇印刷厂印刷
科学出版社发行　　各地新华书店经销
*
2012 年 5 月第　一　版　　开本：787×1092　1/16
2020 年 2 月第三次印刷　　印张：15 1/2
字数：336 000
定价：36.00 元
（如有印装质量问题，我社负责调换〈北京京宇〉）
销售部电话 010-62142126　编辑部电话 010-62135763-2010

前　　言

本书内容编写基于中兴通讯股份有限公司的 ZXJ10 交换设备,为交换网络设备运行与维护的第一部分。本书系统全面地介绍 PSTN 的硬件配置和应用,为后续课程"NGN交换设备运行维护"奠定基础,使学生能全面掌握现网交换设备运行与维护的知识与技能,为学生的职业培养搭建一个良好的平台。

本书汇集了编者多年的教学实践探索的经验,尤其是在数字程控交换机助理工程师认证教学的基础上对教学内容的提炼和总结。在选材和叙述上尽量联系学生的学习实际,注重理论和技能的高度结合,将理论知识生活化、生动化、拟人化。操作案例的设计具有启发性和延展性,便于教师教学和学生自学,能极大地适应工作过程系统化的教学需求。

本书的理论知识和操作实践结合紧密,需要配置 ZXJ10 交换硬件设备,理论知识和操作实践课时比例为 1:1。学生学习结束后,可参与中兴通讯学院 NC 教育管理中心组织的助理工程师认证考试,取得相关领域的就业职业资格证书。为便于教学,本书配有电子课件等教学资源,可到网站(www.abook.cn)下载。

本书共分为 7 个单元,单元 1 为基础知识概述,主要介绍相关的通信基础知识;单元 2~单元 6 主要介绍 ZXJ10 设备的相关内容,其中单元 2~单元 5 配有相应的操作案例,能够加深学生对理论知识的理解,培养学生的应用能力;单元 7 主要介绍交换技术的最新发展情况。

本书的编写主要由重庆电子工程职业学院交换课程团队的教师完成,姚先友和赵阔任主编,何碧贵、吴世富和包万宇参加编写,李转年教授审稿,中兴通讯学院 NC 教育管理中心的几位工程师也参与了编写和审阅。

在本书的编写过程中,得到了中兴通讯学院 NC 教育管理中心的大力支持和帮助,在此表示衷心的感谢。

由于时间紧迫、编者水平有限,疏漏和错误在所难免,敬请广大读者批评指正。

目　　录

单元 1 程控交换技术基础知识

本单元综合介绍程控交换技术涉及的专业基础内容，为后续的理论学习和技能培养奠定基础。本单元的学习基于课堂引导和学生课余自学相结合的方式进行，学生可通过网络、图书等资料进行学习和拓展。

教学目标

知识教学目标

1. 了解通信网络技术基础;
2. 熟悉常见数字信号码型变换方法;
3. 掌握数字通信系统的性能指标计算方法;
4. 熟悉通信网拓扑结构;
5. 了解数字传输的方式;
6. 熟悉几种交换方式的特点;
7. 掌握 T 型时分接线器的工作原理;
8. 掌握 ISDN 的接口构成;
9. 了解数字程控交换技术的发展;
10. 熟悉电信网的质量要求;
11. 掌握电话网的编号计划。

技能培养目标

1. 熟悉设备上电流程并能够进行操作;
2. 能够利用网络查阅相关基础知识并进行总结;
3. 能够综合前期基础知识进行自学;
4. 通过讨论交流,能够熟练阐述相关基础知识。

1.1

通信网络技术基础

1.1.1 通信的概念

通信是通过某种媒体进行的信息传递。在古代,人们通过驿站、飞鸽传书、烽火报警等方式进行信息传递。到了今天,随着科学技术的飞速发展,相继出现了无线电、固定电话、移动电话、互联网甚至可视电话等各种通信方式。通信技术拉近了人与人之间的距离,提高了经济效益,深刻地改变了人类的生活方式和社会面貌。

人和人之间的思想交流一般采用两种方式:一是语言(包括直接或间接的声音);二是文章、图像等。这种思想交流的方式称为通信。其交流内容的物理表现(如声像、文章、图表等)称为数据,赋予数据的具体意义称为信息。

例如，当拨通电话号码"121"，听到的声音是"今天晴天"时，这个声音就是数据，"今天晴天"就是关于天气预报的信息。这个过程是你和气象台工作人员之间的间接通信，该信息显然是通过电话线路传递的。所以，电话网就是一个人们最熟悉，而且是无所不在的通信网。

1 信息与消息

信息是指消息中包含的有意义的内容，它是通过消息来表达的，消息是信息的载体。例如，教师在课堂上讲课，具体讲授的内容即为信息，而所要传授的内容是通过语言（话）表达的，语言（消息）即为信息的载体。

信息与消息并不是一件事，不能等同。下面将从通信的过程和通信的实质来阐述信息与消息的关系和区别，从而给出信息的定义。在通信系统中传输的是各种各样的消息，而这些被传送的消息有着各种不同的形式，如文字、符号、数据、语言、音符、图片、图像等。所有这些不同形式的消息都是能被人们的感觉器官所感知的，人们通过通信接收到消息后，得到的是关于描述某事物状态的具体内容。例如，听气象广播，气象预报为"晴间多云"，这就告诉了我们某地的气象状态，而"晴间多云"这一广播语言则是对气象状态的具体描述。又如，电视中转播足球赛，人们从电视图像中看到了足球赛的进展情况，而电视的活动图像则是对足球赛运动状态的描述。可见，语言、文字、图像等消息都是对客观物质世界的各种不同运动状态或存在状态的表述。

定义：用文字、符号、数据、语言、音符、图片、图像等能够被人们的感觉器官所感知的形式，把客观物质运动和主观思维活动的状态表达出来就成为消息。从通信的观点出发，构成消息的各种形式要具有两个条件：一是能够被通信双方所理解；二是可以传递。

因此，人们从电话、电视等通信系统中得到的是一些描述各种主、客观事物运动状态或存在状态的具体消息。各种通信系统中，其传输的形式是消息。通信过程是一种消除不确定性的过程。不确定性的消除，就获得了信息。原先的不确定性消除得越多，获得的信息就越多。如果原先的不确定性全部消除了，就获得了全部的信息；若消除了部分不确定性，就获得了部分信息；若原先不确定性没有任何消除，就没有获得任何信息。

在通信系统中形式上传输的是消息，但实质上传输的是信息。消息中包含信息，是信息的载体。人们通过得到消息，从而获得信息。同一则信息可以由不同形式的消息来载荷，如前例中，足球赛的进展情况可用报纸文字、广播语言、电视图像等不同消息来表述。而一则消息也可载荷不同的信息，它可能包含非常丰富的信息，也可能只包含很少的信息。可见，信息与消息是既有区别又有联系的。信息不同于消息，消息只是信息的外壳，信息则是消息的内核。

2 信号

信号是指随时间变化的物理量。因为消息不适合于在信道中直接传输，需将其调制成适合在信道中传输的信号。信号是信息的载体，信息则是信号所载荷的内容。

信号可以分为连续时间信号和离散时间信号。

（1）连续时间信号

对于每个实数（有限个间断点除外）都有定义的函数。连续时间信号的幅值可以是连续的，也可以是离散的（信号含有不连续的间断点属于此类）。如图 1-1 所示为幅值连续的时间信号。如图 1-2 所示为幅值离散的连续时间信号。对于时间和幅值都为连续值的信号又称为模拟信号，如图 1-3 所示。

图 1-1　幅值连续的时间信号

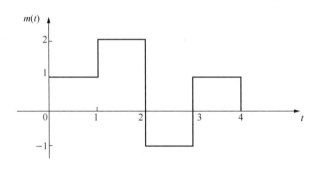

图 1-2　幅值离散的连续时间信号

（2）离散时间信号

离散时间信号是指对每个整数有定义的函数，如果表示离散时间，则称函数为离散时间信号或称为离散序列。如果离散时间信号的幅值是连续的模拟量，则称该信号为抽样信号。因为抽样信号的幅值仍然为连续信号的相应时刻的幅度，它可能有无穷多个值，难以编成数字码，所以对抽样信号的幅值应按四舍五入的原则进行分等级量化，从而得到数字信号。图 1-3 和图 1-4 给出了抽样信号和数字信号。

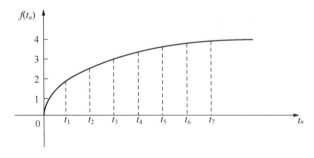

图 1-3　抽样信号

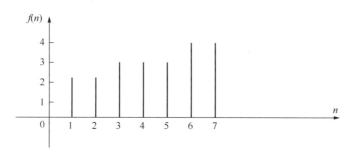

图 1-4　数字信号

1.1.2　模拟通信系统模型

模拟通信系统模型如图 1-5 所示。

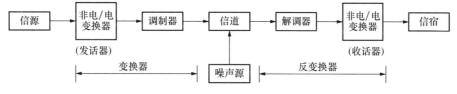

图 1-5　模拟通信系统

在模拟通信系统中，需要两种变换：第一种变换——发送端的连续消息要变换成原始电信号，接收端收到的信号要反变换成原连续消息；第二种变换——调制和解调。

调制：将原始电信号变换成其频带适合信道传输的信号。

解调：在接收端将信道中传输的信号还原成原始的电信号。

经过调制后的信号成为已调信号；发送端调制前和接收端解调后的信号成为基带信号。因此，原始电信号又称为基带信号，而已调信号又称为频带信号。

消息从发送端传递到接收端并非仅经过以上两种变换，系统里可能还有滤波、放大、变频、辐射等过程。但本书将着重研究上述两种变换和反变换，其余过程被认为都是足够理想的，不予讨论。

1.1.3　数字通信系统

数字通信系统是指利用数字信号传递消息的通信系统。数字通信系统的模型如图 1-6 所示。数字通信涉及的技术问题很多，其中有信源编码、信道编码、保密编码、数字调制、数字复接、同步问题等。

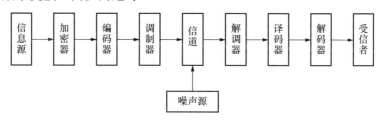

图 1-6　数字通信系统

> **提 示**
>
> 1. 请复习查找模拟信号数字化（抽样、量化、编码）的相关内容。
> 2. 复习抽样定理。

1.1.4 常见数字信号码型

（1）单极性不归零码（NRZ）

在一个码元周期 T 内电位维持不变，用高电位代表"1"码，低电位代表"0"码。其码型如图1-7（a）所示。

（2）单极性归零码（RZ）

"1"码在一个码元周期 T 内，高电位只维持一段时间就返回零位。其码型如图1-7（b）所示。这种信号序列含有较大的直流分量，对传输信道的直流和低频特性要求较高。

（3）双极性不归零码

双极性是指用正、负两个极性来表示数据信号的"1"或"0"；在"1"和"0"等概率出现的情况下双极性序列中不含有直流分量，对传输信道的直流特性没有要求。其码型如图1-7（c）所示。

（4）双极性归零码

"1"码和"0"码在一个码元周期 T 内，高电位只维持一段时间就返回零位。其码型如图1-7（d）所示。

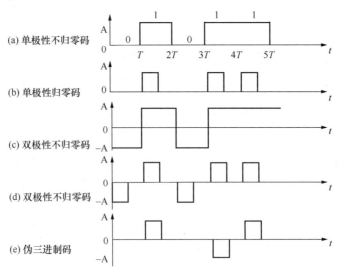

图1-7 常见数字信号码型

（5）伪三进信号（AMI码）

1）编码规则。消息代码中的0在伪三进信号传输码中仍为0，消息代码中的1在伪三进信号传输码中为+1、-1 交替。例如：

消息代码为 1 0 1 0 1 0 0 0 1 0 1 1 1，则 AMI 码为+1 0 -1 0 +1 0 0 0 -1 0 +1 -1 +1。

2）AMI 码的特点。由 AMI 码确定的基带信号中正负脉冲交替，而 0 电位保持不变；由于它可能出现长的连 0 串，所以由 AMI 码确定的基带信号无直流分量，且只有很小的低频分量，不易提取定时信号。

（6）三阶高密度双极性码（HDB3 码）

1）编码规则。首先将消息码变换成 AMI 码，然后检查 AMI 码中连"0"的情况：当没有发现 4 个以上（包括 4 个）连"0"时，则不作改变，AMI 码就是 HDB3 码；当发现 4 个或 4 个以上连"0"的码元串时，就将第 4 个"0"变成与其前一个非"0"码元（"+1"或"-1"）同极性的码元。将这个码元称为"破坏码元"，并用符号"V"表示，即用"+V"表示"+1"，用"-V"表示"-1"。为了保证相邻"V"的符号也是极性交替：

当相邻"V"之间有奇数个非"0"码元时，这是能够保证的。

当相邻"V"之间有偶数个非"0"码元时，不符合此"极性交替"要求。这时，需将这个连"0"码元串的第一个"0"变成"+B"或"-B"。B 的符号与前一个非"0"码元的符号相反，并且让后面的非"0"码元符号从 V 码元开始再交替变化。

例如：消息代码为 1 0 0 0 0 1 0 0 0 0 1 1 0 0 0 0 1 1，则 AMI 码为+1 0 0 0 0 -1 0 0 0 0 +1 -1 0 0 0 0 +1 -1，HDB3 码为+1 0 0 0 +V -1 0 0 0 -V +1 -1 +V 0 0 +V -1 +1。

2）HDB3 码的特点。由 HDB3 码确定的基带信号无直流分量，且只有很小的低频分量；HDB3 中连 0 串的数目至多为 3 个，易于提取定时信号；编码规则复杂，但译码较简单。

提示

1. 掌握 NRZ 码和 HDB3 码的编码方式。

2. 在后续的 ZXJ10 交换系统中，中继出局会涉及这两种码型的转换。

1.1.5　数字通信系统的主要指标

衡量数字通信系统性能的指标有工作速率、可靠性和有效性三类。

1　工作速率

工作速率是衡量数字通信系统通信能力的主要指标，通常采用调制速率、数据传信速率和数据传送速率来描述。

（1）调制速率

数据是以代码的形式表示，在传输的时候通常用某种波形或者信号的脉冲代表一个代码或者几个代码的组合。这种携带数据信息的波形或者信号脉冲称为码元，也称为符号。换句话讲，一个码元或者符号可以由不同位数的二进制代码组合而成。比如要表示电流的"断"和"通"两种状态，可以用"1"和"0"来表示，这里"1"和"0"就是码元。每个码元的二进制代码位数为1位。如果要表示风、雨、雷、电这四种状态，则可以用"00"、"01"、"10"、"11"这四种码元来表示。这里，每个码元（符号）的二进制代码位数就为2位。

调制速率反映信号波形变换的频繁程度，调制速率又称符号速率、码元速率、传码速率（码速、码率）、波特率，定义为每秒传输信号码元的个数，单位为波特（Baud）。若信号码元持续时间（时间长度）为T，单位为秒（s），则调制速率为

$$N_{Bd} = \frac{1}{T}$$

对于码元速率定义有以下几点说明：

1）只计算1s内数据信号的码元个数，是一个统计平均值。

2）信号码元时长T是数据信号中最短的信号单元时间长度。

3）调制速率只跟码元单位时间内传输的码元数目有关，与信号的进制数无关，也即和一个码元（符号）有几位二进制位数无关。

【例1-1】 数据码元在串行传输中，设数据信号码元时间长度为833×10^{-6} s，若采用8电平传输时，其调制速率为多少？若采用2电平传输时，其调制速率又为多少？

解：根据码元速率的定义，二者的调制速率均为

$$N_{Bd} = 1/T = 1/833 \times 10^{-6}\text{s} \approx 1200\text{Baud}$$

（2）数据传信速率

数据传信速率又称为比特数，是每秒钟传输二进制码元的个数，单位为bit/s、kbit/s或者Mbit/s，符号为R。当数据信号为M电平，即M进制时，传信速率与调制速率的关系为

$$R = N_{Bd}\log_2 M$$

【例1-2】 数据码元在串行传输中，设数据信号码元时间长度为833×10^{-6}s，若采用8电平传输时，其数据传信速率为多少？若采用2电平传输时，其数据传信速率又为多少？

解：根据传信速率的定义和式$R = N_{Bd}\log_2 M$，

当采用8电平传输时，

$$R = N_{Bd}\log_2 M = 1/T\log_2 M = 1200 \times 3 = 3600\text{bit/s}$$

当采用2电平传输时，

$$R = N_{Bd}\log_2 M = 1200\text{bit/s}$$

可见，当电平数为2时，传信速率和码元速率相等。

（3）数据传送速率

数据传送速率是单位时间内在数据传输系统中的相应设备之间传送的比特、字符或码组平均数，单位为比特/秒、字符/秒或码组/秒。相应设备通常指调制解调器、中间设备或数据源与数据宿。

数据传送速率不同于数据传信速率，它不仅与发送的比特率有关，而且与差错控制方式、通信规程以及信道差错率有关，即与传输的效率有关。数据传送速率总是小于数据传信速率。

2 可靠性

衡量可靠性的指标是传输差错率。差错率可以有多种定义，在数据传输中，一般采用误码（比特）率、误字符率、误码组率。

误码率＝接收出现差错的比特数/总发送的比特数；

误字符率＝接收出现差错的字符数/总发送的字符数；

误码组率＝接收出现差错的码组数/总发送的码组数；

差错率是一个统计平均值。

3 有效性

衡量有效性的主要指标是频带利用率。它反映了数据传输系统对频带资源的利用水平和有效程度。频带利用率可用单位频带内系统允许的数据传输速率来衡量。频带利用率是指单位频带内的调制速率，即每赫兹的波特数

$$\eta = \frac{N}{B}$$

式中，N 表示系统的调制速率；B 表示系统频带宽度。

1.1.6 数据传输方式

数据传输方式是指数据在信道上传送所采取的方式。若按数据代码传输的顺序，可以分为并行传输和串行传输；若按数据传输的同步方式，可分为同步传输和异步传输；若按数据传输的流向和时间关系，可分为单工、半双工和全双工数据传输。

1 并行传输和串行传输

（1）并行传输

并行传输是将数据以成组的方式在两条以上的并行信道上同时传输。它不需要另外的措施就实现了收发双方的字符同步；缺点是需要传输信道多，设备复杂，成本高，故较少采用，一般适用于计算机和其他高速数字系统，特别适于在一些距离较近的设备之间采用。

（2）串行传输

串行传输是组成字符的若干位二进制代码排成数据码流以串行方式在一条信道上

传输。该方法易于实现；缺点是为解决收发双方码组或字符同步，需外加同步措施。比较并行传输而言，通常串行传输采用较多。

2 同步传输与异步传输

首先，这两种传输方式都是在进行串行传输中使用，主要是为解决串行传输中字符同步的问题。

（1）异步传输（起止式同步）

以字符为单位传输，在发送每一个字符代码的前面均加上一个"起"信号，其长度规定为一个码元，极性为"0"，后面均加一个"止"信号；对于国际电报 2 号码，"止"信号长度为 1.5 个码元，对于国际 5 号码或其他代码，"止"信号长度为 1 个或 2 个码元，极性为"1"。

字符可以连续发送，也可以单独发送；不发送字符时，连续发送"止"信号。

每一字符的起始时刻可以是任意的，但在同一个字符内各码元长度相等。

异步传输方式的优点是实现字符同步比较简单，收发双方的时钟信号不需要严格同步，可靠性高；缺点是对每个字符都要加入起始位和终止位，因而传输效率低，有效性低。这也说明了可靠性和有效性不能同时兼顾。

（2）同步传输

同步传输是以固定时钟节拍来发送数据信号。在同步传输中，数据的发送是以一帧为单位，其中一帧的开头和结束加上预先规定的起始序列和终止序列作为标志。接收端要从收到的数码流中正确区分发送的字符，必须建立位定时同步和帧同步。

同步传输在技术上要复杂些，但传输效率较高，通常用于速率为 2400bit/s 及其以上的数据传输。

【例 1-3】 将一段包含 240 个字符的数据信息用国际 5 号码在同步传输电路和异步传输电路上传输。试求同步传输比异步传输的传输效率高出多少？（假设两种传输中，每个字符都加上 1 位奇偶校验码作为字符的校验码元来处理。异步传输时，"起"信号和"止"信号均为 1bit；同步传输时，假定每帧含 240 个字符，假设帧同步信号用 2 个 SYN 字符，传输结束后信号用一个 EOT 字符。）

解：同步传输时每个字符用 7bit+1bit=8bit，2 个帧同步字符 SYN 字符和一个传输结束字符需要 8bit×3=24bit。这样，同步传输时总共传输的比特数为

$$8bit×240+8bit×3=1944bit$$

异步传输时，每个字符需要 7bit+1bit+1bit+1bit=10bit。因此，异步传输时总共传输的比特数为

$$10bit×240=2400bit$$

可见，同步传输比异步传输的传输效率高出的百分数为

$$(2400bit−1944bit)/1944bit×100\%=23.46\%$$

3　单工、半双工和全双工数据传输

所谓单工、双工等，指的是数据传输的方向。

（1）单工传输

传输系统的两端数据只能沿着单一方向发送和接收，如图 1-8 所示。

（2）半双工传输

系统两端可以在两个方向进行传输，但是两个方向的传输不能同时进行，如图 1-9 所示。

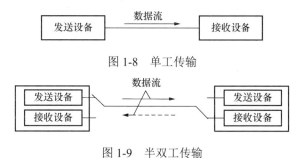

图 1-8　单工传输

图 1-9　半双工传输

（3）全双工传输

系统两端可以在两个方向同时进行数据传输，如图 1-10 所示。

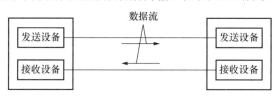

图 1-10　全双工传输

1.1.7　通信网拓扑结构

由多个分散的终端（用户）和交换机组成的通信系统称为交换通信网，简称通信网。通信网的拓扑结构分为总线型、星形、环形、树形、全互连混合型等几种拓扑结构。

1　总线型结构

这种网络拓扑结构比较简单，总线型中所有设备都直接与采用一条称为公共总线的传输介质相连，这种介质一般是同轴电缆（包括粗缆和细缆），也有采用光缆作为总线型传输介质的，如 ATM 网、Cable Modem 所采用的网络等都属于总线型网络结构，它的结构示意图如图 1-11 所示。

总线型拓扑结构网络具有以下几个方面的特点：

1）组网费用低。从示意图可以看出，这样的结构根本不需要另外的互连设备，是直接通过一条总线进行连接，所以组网费用较低。

2）这种网络因为各节点是共用总线带宽的，所以在传输速率上会随着接入网络用

户的增多而下降。

3）网络用户扩展较灵活，需要扩展用户时只需要添加一个接线器即可，但所能连接的用户数量有限。

4）维护较容易。单个节点（每台计算机或集线器等设备都可以被看做一个节点）失效不影响整个网络的正常通信。但是如果总线一断，则整个网络或者相应主干网段就断了。

5）这种网络拓扑结构的缺点是一次仅能一个端用户发送数据，其他端用户必须等待到获得发送权。

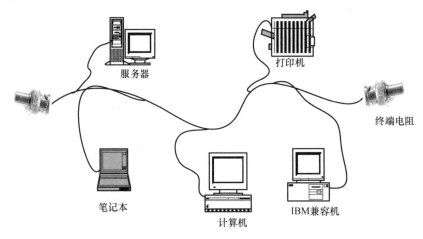

图 1-11　总线型结构

2　星形结构

这种结构是目前在局域网中应用得最为普遍的一种，在企业网络中几乎都是采用这一方式，如图 1-12 所示。星形网络几乎是 Ethernet（以太网）网络专用，它是因网络中的各工作站节点设备通过一个网络集中设备（如集线器或者交换机）连接在一起，各节

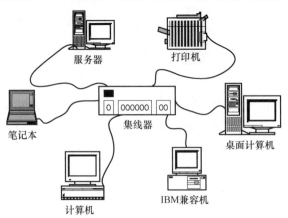

图 1-12　星形结构图

点呈星状分布而得名。这类网络目前用得最多的传输介质是双绞线，如常见的五类线、超五类双绞线等。

这种拓扑结构网络的基本特点主要有如下几点：

1）容易实现。它所采用的传输介质一般都是采用通用的双绞线，这种传输介质相对来说比较便宜，如目前正品五类双绞线的价格仅为 1.5 元/m 左右，而同轴电缆最便宜的也要 2.00 元/m 左右，光缆的价格就更高了。这种拓扑结构主要应用于 IEEE 802.2、IEEE 802.3 标准的以太局域网中。

2）节点扩展、移动方便。节点扩展时只需要从集线器或交换机等集中设备中拉一条线即可，而要移动一个节点只需要把相应节点设备移到新节点即可，而不会像环形网络那样"牵其一而动全局"。

3）维护容易。一个节点出现故障不会影响其他节点的连接，可任意拆走故障节点。

4）采用广播信息传送方式。任何一个节点发送信息在整个网中的节点都可以收到，这在网络方面存在一定的隐患，但在局域网中使用影响不大。

5）网络传输数据快。这一点可以从目前最新的 1000Mbit/s～10Gbit/s 以太网的接入速率可以看出。

3　树形结构

树形拓扑是从总线型拓扑演变而来的，形状像一棵倒置的树，顶端是树根，树根以下带分支，每个分支还可再带子分支，如图 1-13 所示。这种拓扑的站点发送时，根接收该信号，然后再重新广播发送到全网。树形拓扑的优缺点大多和总线型拓扑的优缺点相同，但也有一些特殊之处。

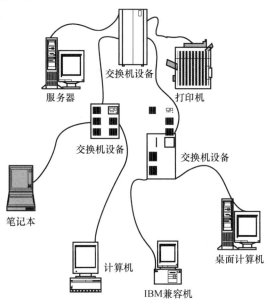

图 1-13　树形结构图

树形拓扑结构网络具有以下特点：

1）易于扩充。从本质上讲，这种结构可以延伸出很多分支和子分支，这些新节点和新分支都可较容易地加入网内。

2）故障隔离较容易。如果某一分支的节点或线路发生故障，很容易将故障分支和整个系统隔离开来。

提示

1. 在 ZXJ10 的组网中采用树形结构。
2. 掌握数据交换的三种方式及各自特点和具体应用。

3）树形拓扑结构网络的缺点是各个节点对根的依赖性太大，如果根发生故障，全网则不能下沉工作，从这一点来看，树形拓扑结构的可靠性与星形拓扑结构相似。

4 环形拓扑

环形拓扑由站点和连接站点的链路组成一个环，如图 1-14 所示，每个站点能够接收从一条链路传来的数据，并把该数据沿环送到另一端链路上，这种链路可以是单向的，也可以是双向的，数据以分组形式发送。

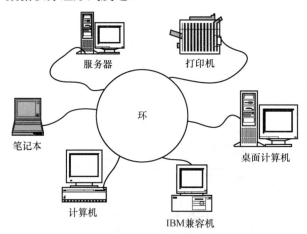

图 1-14　环形结构图

（1）环形拓扑的优点

1）电缆长度短。环形拓扑网络所需的电缆长度和总线型拓扑网络相似，但比星形拓扑网络要短得多。

2）增加或减少工作站时，仅需简单地连接。

3）可使用光纤，其速度很高，十分适用于环形拓扑的单向传输。

（2）环形拓扑的缺点

1）节点的故障会引起全网故障，这是因为在环上的数据传输是通过接在环上的每一个节点，一旦环中某一节点发生故障就会引起全网的故障。

2）检测故障困难。这与总线型拓扑相似，因为不是集中控制，故障检测需在网上各个节点进行，故障的检测就不很容易。

3）环形拓扑结构的媒体访问控制协议都采用令牌传递的方式，在负载很轻时，其运行时间相对来说就比较长。

5　混合型拓扑结构

将以上任何两种单一拓扑结构类型混合起来取两种拓扑的优点构成一种混合型拓扑结构。网络中任意两节点间都有直接的通道相连，故通信速度快、可靠性高，但建网投资大、灵活性差，主要应用在节点少、可靠性要求高的军事或工业控制场合。

1.1.8　交换技术基础

最简单的通信系统——点对点通信系统，这里指仅涉及两个终端（用户）之间的单向或双向（交互）通信，如图 1-15 所示。

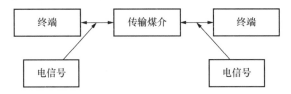

图 1-15　点对点通信系统

多终端点对点通信系统，用户间互连采用全互连方式，即多个终端之间均两两相连，以实现任何两个终端之间的点对点通信；需要 $\dfrac{N(N-1)}{2}$ 条连接线，如图 1-16（a）所示。

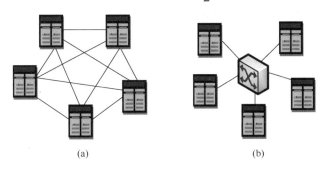

（a）　　　　　　　　　　　　　　（b）

图 1-16　多终端连接

多终端（用户）通信系统中，能够完成任意两个终端（用户）之间信息交换的设备称为交换设备，又称为交换机。这种连接方式需要 N 条连接线。

交换：在多个终端设备之间，为任意两个终端设备建立通信临时互连通路的过程称为交换。

本地交换机：又称为市话交换机，指通信网中直接连接终端的交换机。

汇接交换机：或长途交换机，指仅与各交换机连接的交换机。

用户交换机：即 PBX，指用于集团内部的交换机。

端局：也称市话局，指本地交换机对应的交换局。

长话局：又称汇接局，指长途交换机对应的交换局。

中继线：交换机与交换机之间的线路。

数据交换（Data Switching）：在多个数据终端设备（DTE）之间，为任意两个终端设备建立数据通信临时互连通路的过程称为数据交换。数据交换可以分为电路交换、报文交换和分组交换。

数据传输：利用电话网络进行，因为电话网络是最早建立起来的网络，也是分布最广、用户最多的网络，若能利用电话网络进行数据传输，将是最经济的手段。

实现方法：针对电话网络本身的特点及数字信号的特点，即模拟信道与数字信号的特点，需采用调制解调器实现在电话网络上进行数据传输。

1 电路交换（Circuit Switching）

电路交换是指呼叫双方在开始通话之前，必须先由交换设备在两者之间建立一条专用电路，并在整个通话期间由它们独占这条电路，直到通话结束为止的一种交换方式。电路交换的优点是实时性好，传输时延很小，特别适合像话音通信之类的实时通信的场合。其缺点是电路利用率低，电路建立时间长，不适合于突发性强的数据通信。

2 报文交换（Message Switching）

报文交换又称为消息交换，用于交换电报、信函、文本文件等报文消息，这种交换的基础就是存储转发（SAF）。在这种交换方式中，发方不需先建立电路，不管收方是否空闲，可随时直接向所在的交换局发送消息，交换机将收到的消息报文先存储于缓冲器的队列中，然后根据报文头中的地址信息计算出路由，确定输出线路，一旦输出线路空闲，即将存储的消息转发出去。电信网中的各中间节点的交换设备均采用此种方式进行报文的接收—存储—转发，直至报文到达目的地。应当指出的是，在报文交换网中，一条报文所经由的网内路径只有一条，但相同的源点和目的点间传送的不同报文可能会经由不同的网内路径，如图 1-17（a）所示。

（1）报文交换的优点

不需要先建立电路，不必等待收方空闲，发方就可实时发出消息，因此电路利用率高，而且各中间节点交换机还可进行速率和代码转换，同一报文可转发至多个收信站点。

（2）报文交换的缺点

交换机需配备容量足够大的存储器，网络中传输时延较大，且时延不确定，因此这种交换方式只适合于数据传输，不适合实时交互通信，如话音通信等。

3 分组交换（Packet Switching）

在分组交换中，消息被划分为一定长度的数据分组（也称数据包），每个分组通常含数百至数千比特，将该分组数据加上地址和适当的控制信息等送往分组交换机。与报文交换一样，在分组交换中，分组也采用 SAF 技术；两者的不同之处在于，分组长度通常比报文长度要短小得多。在交换网中，同一报文的各个分组可能经过不同的路径到达终点，由于中间节点的存储时延不一样，各分组到达终点的先后与源节点发出的顺序可能不同。因此，目的节点收齐分组后尚需先经排序、解包等过程才能将正确的数据送给用户，如图 1-17（b）所示。

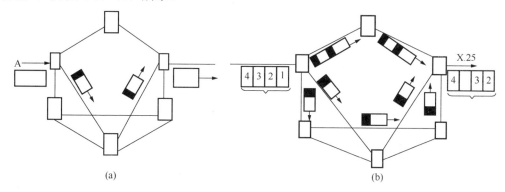

图 1-17　两种以 SAF 为基础的交换方式

在报文交换和分组交换中，均分别采用了一种称为检错和自动反馈重传（ARQ）的差错控制技术来对付数据在通过网络中可能遭受的干扰或其他损伤。

分组交换的优点是可高速传输数据，实时性比报文交换好，能实现交互通信（包括话音通信），电路利用率高，传输时延比报文交换时小得多，而且所需的存储器容量也比后者小得多；缺点是节点交换机的处理过程复杂。

以上三种交换方式都限于低速数据交换。由于计算机高速数据传输和高速图像数据传输和交换需要，人们现正利用帧中继和 ATM 等宽带交换设备来传送高速数据。

1.2　数字程控交换技术

1.2.1　电话交换机的发展概况

人类的社会活动离不开信息交流，信息交流的手段及工具总是在不断发展，特别是电报、电话和无线电发明以后，电通信这种信息交流的手段就以一日千里之势向前发展。

1837 年发明了电报，它是以数字信号的形式传递信息。

1876 年贝尔发明了电话，它是将语音变成模拟的电信号进行传输，从而实现了双方在两地之间的对话。随着电话用户的增加，为了使任意两个用户间都能进行通话，就发明了交换机。

1878 年出现了磁石式人工电话交换机。

1891 年开始采用共电式电话交换机。

这两种都是人工电话交换机，每个用户的话机通过用户线接到交换机的用户塞孔上，每个用户塞孔上都装置一个信号灯。在交换机上还配备了一定数量的塞绳和插塞，用来连接用户塞孔。这种塞绳和插塞称为绳路，在绳路上连有通话机键、话终信号机键和送铃流的机键。在人工电话交换机中，通话的接续由话务员完成。话务员通过耳、目、口来接受用户的呼叫信息，经过大脑的思维活动进行分析判断，再通过人的神经系统控制"手"去进行接续操作。

可以看出，为了完成交换功能，交换机必须具有用户间通话的话路系统，这就是用户线、绳路、塞孔、信号灯等设备。除此之外，还必须有相当于控制系统进行接续的话务员。

1892 年史端乔自动电话交换机最先在美国开通使用，用自动选择器取代了话务员。自动选择器是由线弧、弧刷和上升旋转机构组成。该选择器有两种结构：一种是旋转型选择器；另一种是上升旋转型选择器，这就是步进制交换机。

1919 年纵横制交换机的出现，使交换技术迈入了新的阶段。它采用集中控制方式，即话路系统和控制系统是分开的。话路系统的交换网络采用多级的纵横接线器，控制系统则由记发器和标志器构成。

记发器统一收号，译码后送给标志器，作为选择和接续的依据。在各级链路和出线中，都有一根供忙闲测试的标志线。标志器管理这些标志线，统一进行忙闲测试和选择路由，驱动各级接线器接续。这种集中控制方式具有较大的灵活性，用户接在交换网络上的坐标位置可根据需要安排，与用户号码无关，可以预测通路及出线的忙闲情况，从中选出空闲的通路。

无论是步进制还是纵横制，其控制系统采用的基本元件大都是电磁器件，如电磁铁、继电器等，故统称为机电式交换机。这种元件的动作速度低，耗电大，远不能胜任通信技术发展的要求。

随着电子技术的发展，特别是半导体技术的迅速发展，人们着手研究在交换机内引入电子技术，这种以电子技术为基本控制手段的交换机称为电子式交换机。

由于电子器件的开关特性远不如金属接点，故在话路系统中用电子器件代替金属接点的问题始终未能得到很好的解决，仅在控制系统中，实现了电子化，因此称之为"半电子交换机"或"准电子交换机"。

1965 年美国研制和开通了第一部空分程控交换机，把电子计算机技术引入交换机的控制系统中，使交换技术迈入了崭新的阶段。它在通话电路中仍使用电磁部件，构成空分的交换网络。这种程控交换机的最大特点是由存放在存储器中的程序来控制交换网络的接续，这就是所谓的软件控制。在话路系统中采用了速度较快的笛簧接线器、剩簧接线器或小型纵横接线器，并设置了扫描器和驱动器。扫描器是将话路的状态信息提供给中央处理机；而驱动器则是将中央处理机处理结果输出，启动话路系统的硬件动作，使话路设备转入新的稳定状态。这种交换机在话路系统中，与纵横制交换机的话路系统相差不多，只是将某些功能转给软件完成，使电路得到简化。

1970 年法国开通了第一部程控数字交换机，使交换技术的发展进入了更高的阶段。在交换系统中采用了时分复用技术，使数字信号直接通过交换网络，实现了传输和交换一体化，为向综合业务数字网发展铺平了道路。由于话音信息的数字化，使得交换机的话路系统——交换网络，可以用计算机的存储器和逻辑门等电子部件代替金属接点的接续功能，实现交换机全部电子化，为交换技术的更大发展提供了可靠的基础。

由于程控数字交换机有很大的优越性，因而自第一部程控数字交换机诞生之日起，不到十年就得到了很大的发展。许多发达国家都投入了大量的人力和物力竞相开发、完善和更新这种交换机。现代数字交换机不仅能进行电路交换，还能进行分组交换；不仅能进行话音业务通信，还能进行许多非话业务通信。

我国自 1982 年在福州引进日本的 F-150 交换机后，到 1991 年底，已引进程控数字交换机达 600 万门之多，但仍远远满足不了国内电话的需求。为了适应迅速发展的电话通信事业，除了引进了八九种类型的局用程控交换机外，还引进了 S-1240 交换机、EWSD 交换机的生产线，还将与日本合资建立 NEAX-61 型交换机生产线。我国自己也研究并生产了 DS-2000 市话交换机、DS-30 中大容量程控数字长途交换机、HJD-04 大容量数字程控交换机、中兴通讯的 ZXJ10 交换机、华为的 C&C08 交换机。

1.2.2　数字交换网络

交换网络是能实现各个用户间话路接续的四通八达的信息通路，它应该能够根据用户的要求，通过控制部分的接续命令，建立主叫与被叫用户间的连接通路。在纵横制交换机中采用各种机电式接线器（如纵横接线器等）；在程控交换机中，目前主要采用由电子开关阵列构成的空分接线器（S 接线器）和由存储器等电路构成的时分接线器（T 接线器）。

空分程控交换机中只有空分接线器，时分程控交换机中可以有时分（T 接线器）、空分（S 接线器）两种接线器。考虑到交换网络对交换机总体性能及体积、成本诸方面的影响，小容量的模拟程控交换机几乎都只采用空分接线器（所以有时以空分机代替模拟机，与数字机并称）；小容量的数字程控交换机几乎都采用时分接线器；中、大容量的数字交换机几乎全部采用时分或时分与空分组合的交换网络。这里重点介绍时分接线器。

1　时分多路复用概念

为在较少的硬件资源上传输更多的信号，即要实现多路复用，可采用频分与时分两种方法。现有的有线电视信号传送采用的就是频分的办法，即把多种频段的信号混合在一起传输，由接收机选频来分离信号。

时分多路复用是利用各路信号在信道上占有不同的时间间隙而把各路信号分开。具体来说，就是把时间分成均匀的时间间隔，将每一路信号的传输时间分配在不同的时间间隔内，以达到互相分开的目的。每路所占有的时间间隙称为"路时隙"，简称时隙（TS）。第 1 路话音信号的抽样值经过量化编码后的 8 位码占用 1 时隙，第 2 路的 8 位码占用 2

时隙……这样依次传送，直到把第 *n* 路传送完后，再进行第二轮传送。每传送一轮所用的总时间称为 1 帧。

2 T 型时分接线器

T 型时分接线器的功能是完成一条 PCM 复用线上各时隙间信息的交换，它主要由话音存储器（SM）和控制存储器（CM）组成。话音存储器是用来暂时存储话音脉码信息的，故又称"缓冲存储器"。

> **提示**
>
> 1. 掌握 T 型时分接线器的功能和结构。
> 2. 掌握 T 型时分接线器的两种控制方式。

（1）结构

时分接线器采用缓冲存储器暂存话音的数字信息，并用控制读出或控制写入的方法来实现时隙交换，因此时分接线器主要由话音存储器（SM）和控制存储器（CM）构成，如图 1-18 所示。

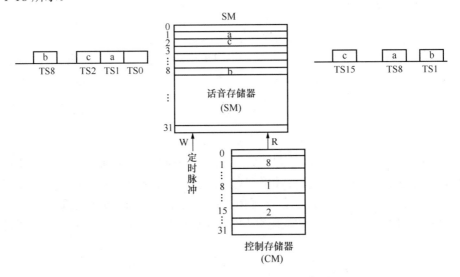

图 1-18 T 接线器实现原理

1）话音存储器。话音存储器用来暂存数字编码的话音信息，每个话路时隙有 8 位编码，故话音存储器的每个单元应至少具有 8 比特。其容量即为所含的单元数应等于输入复用线上的时隙数。假定输入复用线上有 32 个时隙，则话音存储器要有 32 个单元。

2）控制存储器。控制存储器用来寄存话音时隙地址，又称"地址存储器"。因为一个话路时隙对应一个地址，所以 CM 的容量应该等于 SM 的容量。

应该注意到，每个输入时隙都对应着话音存储器的一个存储单元，这意味着由空间位置的划分而实现时隙交换。从这个意义上说，时间接线器带有空分性质，是按照空分方式工作的。

（2）工作原理

就控制存储器对话音存储器的控制而言，可有以下两种控制方式。

1）顺序写入，控制读出，简称"输出控制"，如图 1-19 所示。

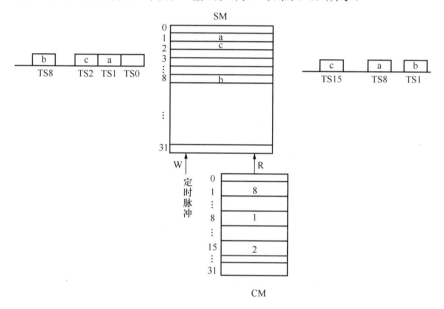

图 1-19　输出控制方式

2）控制写入，顺序读出，简称"输入控制"，如图 1-20 所示。

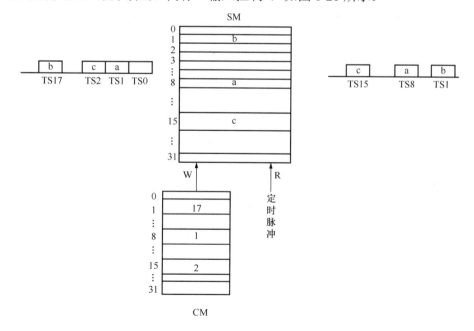

图 1-20　输入控制方式

如图 1-19 所示为输出控制方式，即话音存储器的写入是由时钟脉冲控制按顺序进行，而其读出要受控制存储器的控制，由控制存储器提供读出地址。控制存储器则只有一种工作方式，它所提供的读出地址是由处理机控制写入，按顺序读出的。例如，当有时隙内容为 a，需要从时隙 i 交换到时隙 j 时，在话音存储器的第 i 个单元顺序写入内容 a，由处理机控制在控制存储器的第 j 个单元写入地址 i 作为话音存储器的输出地址。当第 j 个时隙到达时，从控制存储器中取出输出地址 i，从话音存储器第 j 个单元中取出内容 a 输出，完成交换。

T 接线器的工作是在中央处理机的控制下进行。当中央处理机得知用户的要求（拨号号码）后，首先通过用户的忙闲表，查被叫是否空闲，若空闲，就置忙，占用这条链路。中央处理机（CPU）根据用户要求，向控制存储器发出"写"命令，将控制信息写入控制存储器。

现假定 A 用户（占用 TS1）与 B 用户（占用 TS8）通话（即假设 i=1，j=8），即 TS1（a）、TS8（b），a 是 A 用户的话音信息编码，b 是 B 用户话音信息编码。为了叙述方便，假定主叫 A 的话音 a 向被叫传送，CPU 根据这一要求，向控制存储器下达"写"命令，令其在 8#单元中写入 1#地址。写入后，这条话路即被建立起来，用户可进行通话。在 TS1 时隙到来时，话音信息 a 在此刻也被送来，定时脉冲在此时所发出的控制脉冲通过写入控制线将写入地址码"1"送入话音存储器，控制话音存储器将此时输入的话音信息 a 写入到 1#单元，这就是顺序写入，它是在定时脉冲的控制下进行的。

控制存储器的读出是在定时脉冲控制下，按时间的先后顺序执行。当定时脉冲到 TS8 时隙时，就读出控制存储器的 8#单元的内容是"1"，这一读出内容通过读出控制线送入话音存储，作为读出地址，将话音存储器 1#单元里存放的话音信息 a 读出。可见，话音信息 a 是在 TS8 这一时刻读出的，而此时刻正是用户 B 接收话音信息的时候，所以 a 信息就送给用户 B。

用户 B 的回话信息 b 如何传送，也要由 CPU 控制，向控制存储器下达"写"命令，令其在 1#单元中写入 8#地址。写入后，这条回话路由即被建立起来，用户 B 可进行回话。回话是从 B 用户的发送回路送出，在话音存储器的左侧（输入侧）TS8 时隙时送入，在定时脉冲为"8"时，将话音信息 b 写入到话音存储器 8#单元内。何时读出，也由控制存储器控制。控制存储器在定时脉冲控制下，在 TS1 时（定时脉冲从 TS8 顺序变到 TS31 再变到 TS0、TS1）读出控制存储器 1#单元内存储的内容是 8#地址码通过读控制线，向话音存储器送去读出地址 8#，将话音存储器的 8#单元内的话音信息 b 读出，送至输出线上。因为话音信息 b 是在 TS1 时送至输出线的，此时正是用户 A 接收话音信息的时候，所以 b 信息就送给用户 A。

这两条话音通道是同时建立的，即 CPU 向控制存储器下"写"命令时，是同时下达的。但这种"写"命令在整个通话期间只下达一次，所以控制存储器的内容在整个通话期间是不变的。只有通话结束时，CPU 再下一次"写"命令，将其置"0"，才将这两条通话回路拆掉。

由上述情况可看出，控制存储器的单元地址与输出时隙号相对应，在其单元内写入的地址码与输入时隙号相对应，也就是输入信息（发话人的话音信息）在话音存储器的存入地址。例如，TS2 的话音信息 c 要交换给 TS15，则控制存储器就应在 15#单元里写入 2#地址，这 15#与 TS15 的时隙号（输出）相对应，而单元内写入的 2#与 TS2 时隙号（输入）相对应。话音信息存放在话音存储器的 2#单元。所以，2#单元是发话人的话音信息在话音存储器的存储地址。

如图 1-20 所示为输入控制方式，即话音存储器是控制写入、顺序读出的，其工作原理与输出控制方式相似，不同之处是控制存储器用于控制话音存储器的写入。当第 i 个输入时隙到达时，由于控制存储器第 i 个单元写入的内容是 j，作为话音存储器的写入地址，就使得第 i 个输入时隙中的话音信息写入话音存储器存的第 j 个单元。当第 j 个时隙达到时，话音存储器按顺序读出 a，完成交换。大家可自己举例证明。

1.2.3　电话交换机的组成及分类

1　电话交换机的基本功能

电话交换机的任务是完成任意两个电话用户之间的通话接续。下面通过人工电话交换过程说明交换机应具有的基本功能。

人工电话交换机为了完成一次通话接续，其交换和通话过程可简述如下：

1）主叫用户发出呼叫信号，这种呼叫信号通过信号灯显示。主叫用户摘机，电路接通，信号灯亮。

2）话务员看见信号灯亮，即将应答插塞插入主叫用户塞孔，并询问被叫用户的号码。

3）得知被叫用户的号码后，找到被叫用户的塞孔，进行忙闲测试，当确认被叫空闲后，即将呼叫塞子插入被叫用户塞孔，向被叫送铃流，向主叫送回铃音。

4）被叫用户应答后，即可通过塞绳将主、被叫之间的话路接通。

5）通话完毕，用户挂机，话务员发现话终信号灯亮后，即进行拆线。

通过上面呼叫接续过程的叙述可以看出，一部交换机应具有下列几项基本功能：

1）呼叫检测功能。

2）接收被叫号码。

3）对被叫进行忙闲测试。

4）若被叫空闲，则应准备好空闲的通话回路。

5）向被叫振铃，向主叫送回铃音。

6）被叫应答，接通话路，双方通话。

7）及时发现话终，进行拆线，使话路复原。

2　电话交换机的基本组成

为了完成电话交换机的基本功能，在交换机中必须有进行通话的话路系统和连接话路的控制系统。

1）话路系统。话路系统包括用户电路、交换网络、出中继器、入中继器、绳路及具有监视功能的信号设备。

2）控制系统。控制系统包括译码、忙闲测试、路由选择、链路选试、驱动控制、计费等设备。

电话交换机的基本组成如图 1-21 所示。

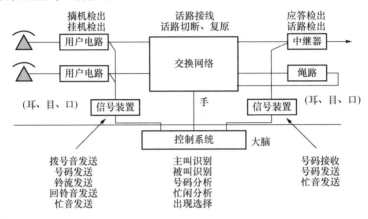

图 1-21　电话交换机的基本组成

3　程控交换机的分类及组成

程控交换机的控制系统是由计算机来控制的交换机，是将控制程序存放在存储器中，在计算机控制下启动这些程序完成交换机的各项工作。所以，在控制系统中有硬件和软件，硬件就是电子计算机，它是由中央处理机、存储器、输入/输出设备等组成；软件就是各种程序。程控交换机由于其话路系统的构成方式以及控制系统的构成方式不同而有不同的种类。

（1）空分模拟程控交换机

这种交换机的话路系统是空分的，所以它只能交换模拟信号，它的组成分为空分交换网络、用户电路、绳路和出入中继器等设备。

空分交换网络用来提供主、被叫之间的接续通路，完成连接功能。它是由小型纵横接线器或笛簧继电器、剩簧继电器、电子器件等元部件组成。在局内接续时，它要将主叫与绳路的主叫侧接通、绳路的被叫侧与被叫接通。在出局接续时，要将主叫与出中继线接通。在入局接续时，要将入中继线与本局的被叫接通。

用户电路由每个用户所独有，主要反映用户线的状态变化，它具有以下基本功能：

1）用户摘机时，发出呼叫信号。

2）反映用户线的忙闲状态。

3）用户挂机时自动复原。

用户电路多采用继电器电路，它有线路继电器和切断继电器。当用户摘机时，用户电路接通，发出呼叫信号，使线路继电器动作，通过动接点的闭合将呼叫信息经由扫描器传送给处理机。当处理机控制用户接通交换网络时，则由处理机通过驱动器控制切断继电器动作，切断线路继电器的通路，放掉线路继电器与用户线的连接接点。所以，用户电路中的某些继电器的动作是由中央处理机通过驱动器加以控制的。

收号器是用来接收和转发用户的拨号信息，并在用户开始拨号前，向用户送去拨号音。收号器有两种：一种是脉冲收号器，号盘话机发出的拨号脉冲由脉冲收号器接收，并立即转发给中央处理机，中央处理机要对收号器进行周期性扫描，及时取走每一个拨号脉冲，并进行位间隔识别；另一种是双音频收号器，它是按位收号，每收完一位号就立即转发给处理机。

绳路和出入局中继器是主叫与被叫之间的话音通道，本局呼叫用绳路连接，出局呼叫用出中继器与对方局相连，入局呼叫则用入中继器将来自对方局的入线与本局用户相连。它们的功能是控制接续过程中的信号配合，以及对本方用户馈电和监视。绳路和出入局中继器由若干继电器或触发器组成，这些继电器和触发器除去直接受 a、b 线回路控制的继电器外，一般均由中央处理机控制。有些功能则由软件完成或由专用设备（如振铃器和回铃器）来完成，使绳路和中继器电路得到了简化。

扫描器的基本任务是监视用户线的状态，以便及时发现用户的摘机、挂机、拨号脉冲等信息，并定时收集信息随时提供给中央处理机作为处理的依据。

驱动器的基本功能是在中央处理机的统一控制下，驱动话路设备的继电器或触发器动作，所以它是中央处理机与话路设备间的专用接口设备。用户电路、绳路等电路中的某些继电器的动作或释放，触发器的置位或复位，交换网络中某通路的接通或释放，大都是中央处理机根据接续过程中的需要通过驱动器控制其动作按规定的程序进行的。

控制系统则由中央处理机、存储器、输入/输出设备等组成。

存储器用来存储各种程序和数据。存储器包含内存和外存，内存有随机存取存储器（RAM）和只读存储器（ROM）。经常要用的程序存在内存里，不经常用的程序则存放在外存里，外存的容量很大。

在随机存取存储器中存储的大多是在交换中频繁变化的信息，如拨号脉冲、用户线或中继线的忙闲信息等均存放在 RAM 中；而呼叫处理程序、执行管理程序等一些不变的程序都存放在 ROM 中。

中央处理机是整个控制系统的核心。它通过扫描器收集信息作为处理的依据，根据存储器中的程序和数据进行分析、判断，做出处理结果，再向驱动器发出驱动命令，驱动器向话路设备发送控制信息以控制话路设备动作。

输入/输出设备包括磁盘、磁带机、打印机及显示器等设备，它是进行人机对话或输入/输出数据的外围设备。

（2）时分数字程控交换机

这种交换机的话路系统是时分的，交换的是脉冲编码调制（PCM）的数字信号。它是当前最为流行的一种交换机，通常称为程控数字交换机。

程控数字交换机的基本组成如图 1-22 所示。它的话路系统包括用户电路、用户集线器、数字交换网络、模拟中继和数字中继。此外，还专门设置了多频计发/收码器、按钮收号器和信号音发生器，还有一些为非话业务服务的接口电路。由此可以看出，它不仅增加了许多新的功能，而且加强了对外部环境的适应性。

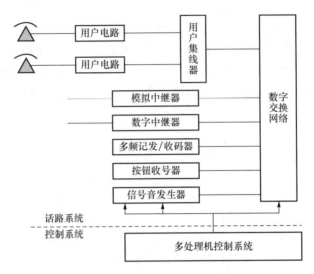

图 1-22　程控数字交换机的基本组成

　　它的构造与空分的交换网络有很大的不同，它不再采用金属接点或电子接点，而是用存储的方式进行数字交换。它取消了绳路，增强了用户电路的功能，用户电路不仅担负了绳路的馈电、监视和振铃功能，而且还增加了模—数转换和数—模转换功能。因目前在用户线上传输的还是模拟信号，而交换网络又是数字电路，故要将模拟信号转换成数字信号后才能送入交换网络进行交换。

　　为了适应模拟环境和数字环境的需要，程控数字交换机增加了许多接口设备，如模拟中继器、数字中继器等。

　　用户集线器用来集中话务量，提高线路利用率。在模拟交换机中，它是并入交换网络，未单独表示，但在数字交换机中，则需单独列出。在全数字化的交换机中，每个用户电路都采用了单路编译码器，出来的就是数字信号，因而用户集线器也就只能采用数字接线器了。

　　数字交换机的控制系统采用多处理机的分散控制方式。这种控制方式不仅增加了可靠性、灵活性，而且为实现模块化结构打下了基础。

　　分散控制方式目前有两种：一种是部分分散控制方式，也称分级控制方式，它是根据需要在某些地方采取分散控制，在某些地方采取集中控制；另一种是全分散控制方式。

　　程控交换机的分类可综合如图 1-23 所示。

4　电话网的质量要求

　　电话通信是目前用户最基本的业务需求，对电话通信网的三项要求是接续质量、传输质量和稳定质量。接续质量通常用接续损失（呼损）和接续时延来度量，表征用户通话被接续的速度和难易程度。传输质量是指用户接收到的话音信号的清楚逼真程度，可以用响度、清晰度和逼真度来衡量。稳定质量是指通信网的可靠性，其指标主要有失效率（设备或系统工作时间内，单位时间发生故障的概率）、平均故障间隔时间、平均修复时间（发生故障时进行修复所需的平均时间）等。

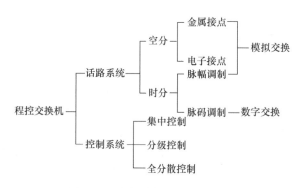

图 1-23　程控交换机的分类综合

（1）话务量

话务量指在一特定时间内呼叫次数与每次呼叫平均占用时间的乘积。在移动电话系统中，话务量可分为流入话务量和完成话务量。流入话务量取决于单位时间内发生的平均呼叫次数与每次呼叫平均占用无线波道的时间，在系统流入的话务量中，完成接续的那部分话务量称为完成话务量，未完成接续的那部分话务量称为损失话务量，损失话务量与流入话务量之比称为呼损率。

最早从事话务量研究的是丹麦学者 A.K.爱尔兰（A.K.Erlang）。他在 1909 年发表的有关话务量的理论著作，至今仍被认为是话务理论的经典。

话务量的大小与用户数量、用户通信的频繁程度、每次通信占用的时间长度以及观测的时间长度（如 1min、1h 或是 1 昼夜等）有关。单位时间内通信的次数越多，每次通信占用的时间越长，观测的时间越长，那么话务量就越大。由于通信次数、每次通信占用时间的长短等都是变化着的，所以话务量也是一个随时间变化的量，即是一个"随机变量"。

国际通用的话务量单位是原国际电报电话咨询委员会（CCITT）建议使用的单位，称为"爱尔兰（Erl）"，是为了纪念话务理论创始人 A.K.Erlang 而命名的。

话务量公式为

$$A=Ct$$

式中，A 表示话务量，单位为 erl（爱尔兰）；C 表示呼叫次数，单位为个；t 表示每次呼叫平均占用时长，单位为 h（小时）。一般话务量又称小时呼，统计的时间范围为 1h。

1Erl 就是一条电路可处理的最大话务量。如果观测 1h，这条电路被连续不断地占用了 1h，话务量就是 1Erl，也可以称为"1 小时呼"。

通俗地讲，话务量就是一条电话线 1h 内被占用的时长。如果一条电话线被占用 1h，话务量就是 1Erl（Erl 不是量纲，只是为纪念爱尔兰这个人而设立的单位），如果一条电话线被占用（统计）时长为 0.5h，话务量就是 0.5Erl。

一般来说，一条电话线不可能被一个人占用 1h，比如统计表明，用户线的话务量为 0.05Erl，过去我国电话还不是很普及时，因为很多人都在使用，它的话务量很大，达到 0.13Erl，那么此时如果这个交换机有 1000 个用户，我们就说该交换机的话务量为 130Erl。

有时人们以 100s 为观测时间长度，这时的话务量单位称为"百秒呼"，用 CCS 表示。36CCS=1Erl。

（2）呼损率

呼损率也称通信网的服务等级。呼损率越小，成功呼叫的概率越大，服务等级越高。但是，呼损率和流入话务量是相互矛盾的，也即服务等级和信道利用率是矛盾的，使呼损率变小，只有让流入的话务量小，要折中处理。

流入话务量的大小取决于单位时间（1h）内平均发生的呼叫次数 λ 和每次呼叫平均占用信道时间 S。

$$A=S\lambda$$

话务量的单位为 Erl。A 是平均 1h 内所有呼叫需占用信道的总小时数，1Erl 表示平均每小时内用户要求通话的时间为 1h。例如：

$$\lambda=20 \text{ 次/小时，} S=3 \text{ 分/次，}$$

$$A=20\times3/60=1\text{Erl}$$

这就表示，1h 平均呼叫 20 次所要求的总通话时间为 1h。

一个信道时间能完成的话务量必定小于 1Erl。也就是说，信道的利用率不可能是 100%。

在信道公用的情况下，通信网无法保证每个用户的所有呼叫都能成功，必然有少量的呼叫会失败，即发生呼损。设单位时间内成功呼叫的次数为 λ_0，则
完成话务量为

$$A_0=\lambda_0\times S$$

呼损率为

$$B=(\lambda-\lambda_0)/\lambda$$

对于一个通信网来说，要想使呼叫损失小，只有让流入话务量小，即容纳的用户少些，可见呼损率与流入话务量是一对矛盾，要折中处理。

（3）忙时呼叫量（BHCA）

BHCA 是忙时呼叫量的缩写，主要测试内容为：在 1h 之内，系统能建立通话连接的绝对数量值。测试结果是一个极端能力的反映，它反映了设备的软件和硬件的综合性能。BHCA 值最后体现为 CAPS（每秒建立呼叫数量），CAPS 乘以 3600 就是 BHCA 了。

BHCA（忙时试呼次数）计算公式中的几个概念介绍如下。

系统开销：处理机时间资源的占用率。

固有开销：与呼叫处理次数（话务量）无关的系统开销。

非固有开销：与呼叫处理次数有关的系统开销。

单位时间内处理机用于呼叫处理的时间开销为

$$t=a+bN$$

式中，t 表示系统开销；a 表示固有开销；b 表示处理一次呼叫的平均开销（非固有开销）；N 表示单位时间内所处理的呼叫总数，即处理能力值（BHCA）。

【例 1-4】　某处理机忙时用于呼叫处理的时间开销平均为 0.85，固有开销 $a=0.29$，处理一个呼叫平均需时 32ms，求其 BHCA 为多少？

解：
$$0.85=0.29+(32\times10^{-3}/3600)N$$
$$N=63000\ 次/小时（注：影响呼叫处理能力的因素）$$

1.3
电信网络

在信息化社会中，语音、数据、图像等各类信息产品的流动是基于以光纤通信、微波通信、卫星通信等现代通信系统的骨干通信网为传输基础，由公众电话网、公众数据网、移动通信网、有线电视网等业务网组成的高速信息通信网，并通过各类信息应用系统延伸到全社会的每个地方和每个人。为广大公众提供稳定可靠、高质量的各种信息服务的网络，又称为公用通信网，本章主要讲述公用电话交换网。

电话网目前主要有固定电话网、移动电话网和 IP 电话网，这里主要讲述固定电话网，即公用电话交换网（Public Switched Telephone Network，PSTN）采用电路交换方式，其节点交换设备是数字程控交换机，另外还应包括传输链路设备及终端设备。为了使全网协调工作还应有各种标准、协议。

1.3.1　电话网

1　电话网的组成

电话网采用电话交换方式，主要由发送和接收电话信号的用户终端设备、进行电路交换的交换设备、连接用户终端与交换设备的线路和交换设备之间的链路共四部分组成。

全国范围的电话网采用等级结构。等级结构就是全部交换局划分成两个或两个以上的等级，低等级的交换局与管辖它的高等级的交换局相连，各等级交换局将本区域的通信流量逐级汇集起来。一般在长途电话网中，根据地理条件、行政区域、通信流量的分布情况等设立各级汇接中心（所谓汇接中心是指下级交换中心之间的通信要通过汇接中心转接来实现，在汇接交换机中只接入中继线），每一汇接中心负责汇接一定区域的通信流量，逐级形成辐射的星形网或网状网。一般是低等级的交换局与管辖它的高等级的交换局相连，形成多级汇接辐射网，最高级的交换局采用直接互连，组成网状网。所以，等级结构的电话网一般是复合型网。电话网采用这种结构可以将各区域的话务流量逐级汇集，达到既保证通信质量又充分利用电路的目的。

2　长途网及其结构的演变

（1）四级长途网络结构存在的问题

电话网最早分为五级，长途网分为四级，一级交换中心之间相互连接成网状网，以下各级交换中心以逐级汇接为主。这种五级等级结构的电话网在网络发展的初级阶段是可行的，它在电话网由人工向自动、模拟向数字的过渡中起过较好的作用。然而，由于经济的发展，非纵向话务流量日趋增多，新技术、新业务层出不穷，这种多级网络结构存在的问题日益明显。就全网的服务质量而言表现为转接段数多，造成接续时延长、传输损耗大、接通率低，如跨两个地市或县用户之间的呼叫，需经多级长途交换中心转接；可靠性差，多级长途网一旦某节点或某段电路出现故障，会造成局部阻塞。

此外，从全网的网络管理、维护运行来看，区域网络划分越小，交换等级数量越多，网管工作过于复杂；同时，不利于新业务网（如移动电话网、无线寻呼网）的开放。

（2）长途两级网的等级结构

考虑以上原因，目前我国长途电话网已由四级向两级转变。DC1 构成长途两级网的高平网（省际平面）；DC2 构成长途网的低平面网（省内平面），然后逐步向无级网和动态无级网过渡。

长途两级网的等级结构如图 1-24 所示。长途两级网将国内长途交换中心分为两个等级，省级（包括自治区、直辖市）交换中心以 DC1 表示；地（市）级交换中心以 DC2 表示。DC1 以网状网相互连接，与本省各地市的 DC2 以星形方式连接；本省各地市的 DC2 之间以网状或不完全网状相连，同时以一定数量的直达电路与非本省的交换中心相连。

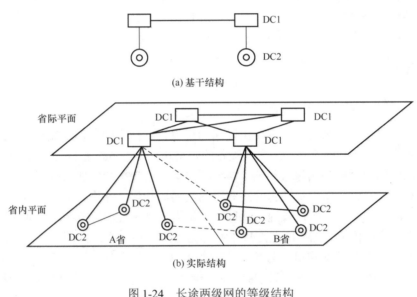

图 1-24　长途两级网的等级结构

以各级交换中心为汇接局，汇接局负责汇接的范围称为汇接区。全网以省级交换中心为汇接局，分为 31 个省（自治区、直辖市）汇接区。

各级长途交换中心的职能为：DC1 的职能主要是汇接所在省的省际长途来去话务，以及所在本地网的长途终端话务；DC2 的职能主要是汇接所在本地网的长途终端来去话务。

今后，我国的电话网将进一步形成由一级长途网和本地网所组成的二级网络，实现长途无级网。这样，我国的电话网将由三个层面（长途电话网平面、本地电话网平面和用户接入网平面）组成。

1.3.2　本地网

本地电话网简称本地网，是在同一长途编号区范围内，由若干个端局，或由若干个端局和汇接局及局间中继线、用户线和话机终端等组成的电话网。本地网用来疏通本长途编号区范围内，任何两个用户间的电话呼叫和长途发话、来话业务。

1　本地网的类型

自 20 世纪 90 年代中期，我国开始组建以地（市）级以上城市为中心的扩大的本地网。这种扩大的本地网的特点是城市周围的郊县与城市划在同一长途编号区内，其话务量集中流向中心城市。扩大的本地网类型有以下两种。

（1）特大城市和大城市本地网

它是以特大城市及大城市为中心，包括其所管辖的郊县共同组成的本地网。省会、直辖市及一些经济发达的城市组建的本地网就是这种类型。

（2）中等城市本地网

它是以中等城市为中心，包括其所管辖的郊县（市）共同组成的本地网。

2　本地网的交换中心及职能

本地网内可设置端局和汇接局，端局通过用户线与用户相连，它的职能是负责疏通本局用户的发话和来话话务。汇接局与所管辖的端局相连，以疏通这些端局间的话务；汇接局还与其他汇接局相连，疏通不同汇接区端局间的话务；根据需要，汇接局还可与长途交换中心相连，用来疏通本汇接区内的长途转话话务。

本地网中，有时在用户相对集中的地方，可设置一个隶属于端局的支局，经用户线与用户相连，但其中继线只有一个方向，即到所隶属的端局，用来疏通本支局用户的发话和来话话务。

3　本地网的网络结构

由于各中心城市的行政地位、经济发展及人口的不同，扩大的本地网交换设备容量和网络规模相差很大，所以网络结构分为以下两种。

（1）网状网

网状网中所有端局个个相连，端局之间设立直达电路，如图 1-25 所示。这种网络结构适于本地网内交换局数目不太多的情况。

本地网若采用网状网，其电话交换局之间是通过中继线相连的。中继线是公用的、利用率较高的电路群，它所通过的话务量也比较大，因此提高了网络效率，降低了线路成本。当交换局数量较多时，仍采用上面所说的网状结构，则局间中继线就会急剧增加，这是不能接受的。因而采用分区汇接制，把电话网划分为若干个汇接区，在汇接区内设置汇接局，下设若干个端局，端局通过汇接局汇接，构成二级本地电话网。

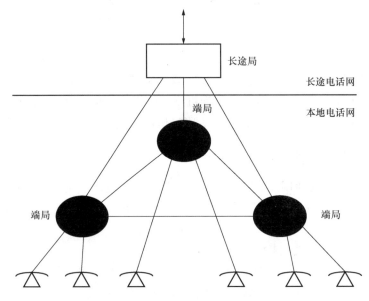

图 1-25　本地电话网的网状网结构

（2）二级网

根据不同的汇接方式，可分为去话汇接、来话汇接、来去话汇接等。

1）去话汇接。如图 1-26（a）所示，图中有两个汇接区（汇接区 1 和汇接区 2），每区有一个去话汇接局和若干个端局，汇接局除了汇接本区内各端局之间的话务外，还汇接去别的汇接区的话务，即 T。还与其他汇接区的端局相连，本汇接区的端局之间也可以有直达路由。

2）来话汇接。来话汇接基本概念如图 1-26（b）所示，汇接局 T_m 除了汇接本区话务外，还汇接从其他汇接区发送过来的来话呼叫，本汇接区内端局之间也可以有直达路由。

3）来去话汇接。如图 1-26（c）所示，除了汇接本区话务外，还汇接至其他汇接区的去话，也汇接从其他汇接区发送来的话务。

4　本地网中远端模块

为了提高用户线的利用率，降低用户线的投资，在本地网的用户线上采用了一些延伸设备。它们有远端模块、支局、用户集线器和用户交换机。这些延伸设备一般装在离交换局较远的用户集中区，其目的都是为了集中用户线的话务量，提高线路设备的利用率和降低线路设备的成本。

（1）远端模块

远端模块是一种半独立的交换设备，它在用户侧接各种用户线，在交换机侧通过 PCM 中继线和交换局相连。同一模块内用户通信可以在模块内自行交换，其他的呼叫通过局交换。

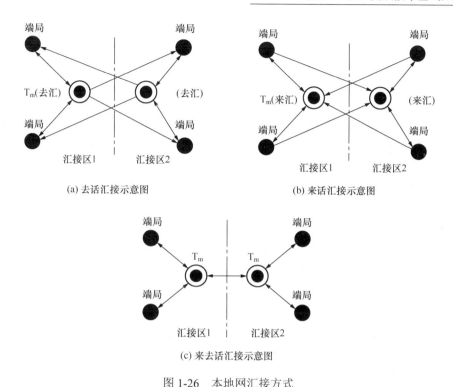

(a) 去话汇接示意图　　　　　　(b) 来话汇接示意图

(c) 来去话汇接示意图

图 1-26　本地网汇接方式

（2）支局

支局就是把端局的一部分设备，装到离端局较远的用户集中点去，以达到缩短用户线的目的。

（3）用户交换机

用户交换机是电话网的一种补充设备。它主要用于机关、企业、工矿等社会集团内部通信，也可以一定方式接入公用电话网，与公用电话网的用户进行通信。由于用户交换机内部用户的呼叫占主要比重，因此用户交换机内部分机之间的接续由用户交换机本身完成，不经过公用交换局。

1.3.3　电话网的编号计划

编号计划指的是本地网、国内长途网、国际长途网、特种业务以及一些新业务等各种呼叫所规定的号码编排规程。自动电话网中的编号计划是使自动电话网正常运行的一个重要规程，交换设备应能适应上述各项接续的编号需求。

1　本地网中用户号码的组成

根据本地网的定义，同一长途编号区范围的用户均属同一个本地网。在一个本地网，其号长要根据本地电话网的长远规划容量来确定。

本地电话网的一个用户号码由局号和用户号两部分组成。局号可以是 1 位（用 P 表示），2 位（用 PQ 表示），3 位（用 PQR 表示）和 4 位（用 $PQRS$ 表示）；用户号为 4

位（用 $ABCD$ 表示）。因此，本地电话网的号码长度最长为 8 位。

> **知识窗**
>
> 本地电话网的一个用户号码由两部分组成，比如深圳市区某电话号码为 26778800，其中 2677 为局号，8800 是用户号码。用户号码中 88 称为百号，范围可以从 00～99。任何一个百号中都包括两位基本号，为 00～99。了解这一点有助于日后配置数据。

2 长途电话用户编号方法

长途电话包括国内长途电话和国际长途电话，电话号码的组成分别如下所述。

国内长途字冠是拨国内长途电话的标志，在全自动情况下用"0"代表。

长途区号是被叫用户所在本地网的区域号码，一般采用固定的号码系统，即全国划分为若干个长途编号区，每个长途编号区都编上固定的号码，可以 1～4 位长，（用 X_1～$X_1X_2X_3X_4$ 表示）。无论从何地呼叫一个本地网的用户，都拨该本地网固定的长途区号。

国际长途呼叫除拨上述国内长途号码之外，还要增拨国际长途字冠和国家号码。全自动国际长途字冠为"0 0"，国家号码为 1～3 位（用 I_1～$I_1I_2I_3$ 表示），如 $00I_1I_2X_1X_2X_3PQABCD$。

以上长途区号、国家号码都采用不等位编号方式。这不但可以满足对号码容量的要求，而且使国内长途电话号码长度不超过 10 位（不包括国内长途字冠），或国际长途号码长度不超过 12 位（不包括国际长途字冠），如图 1-27 所示。

```
国内长途字冠+长途区号+本地号码
```

```
国际长途字冠+国家号码+长途区号+本地号码
```

图 1-27 长途电话用户编号方法

1.3.4 综合业务数字网

1 ISDN 的概念

在介绍综合业务数字网（ISDN）的概念之前，首先了解综合数字网（Intergrated Digital Network，IDN）。IDN 是数字传输与数字交换的综合，在两个或多个规定点之间通过一组数字节点（交换节点）与数字链路提供数字连接，IDN 实现从本地交换节点至另一端本地交换节点间的数字连接，但并不涉及用户连接到网络的方式。

ISDN 是以电话 IDN 为基础发展演变而成的通信网，能够提供端到端的数字连接，提供包括话音和非话音在内的多种电信业务，用户能够通过一组有限的、标准的多用途用户/网络接口接入网内，并按统一的规程进行通信。ISDN 分为窄带综合业务数字网

（N-ISDN）和宽带综合业务数字网（B-ISDN）。N-ISDN 即对用户提供业务一般为 64kbit/s，或者说用户/网络接口处速率不高于 PCM 一次群速率（2.048Mbit/s）。

这里需说明一点，ISDN 不是一个新建的网络，而是在电话网基础上加以改造形成的，其传输线路仍然采用电话 IDN 的线路，ISDN 交换机是在电话 IDN 的程控数字交换机上增加几个功能块。另外一个关键问题，是在用户/网络接口处要加以改进更新。

2　ISDN 的网络功能体系

ISDN 的网络功能体系结构如图 1-28 所示。ISDN 包含了 5 个主要功能，下面对各功能作简要说明。

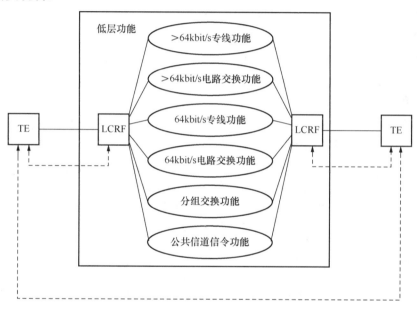

图 1-28　ISDN 的网络功能体系结构

TE—终端设备；LCRF—本地连接有关功能

（1）本地连接功能

它对应于本地交换机或其他类似设备的功能。

（2）电路交换功能

它提供 64kbit/s 和大于 64kbit/s 的电路交换连接。如果用户速率低于 64kbit/s，要依照 I.460 建议，先将其适配到 64kbit/s，然后接入 ISDN 进行交换。

（3）分组交换功能

通过 ISDN 和分组交换公用数据网的网间互连，由分组交换数据网提供 ISDN 的分组交换功能。目前，ISDN 的分组交换功能大多采用这种方法提供。

（4）专线功能

它是指不利用网内交换功能，在终端间建立永久或半永久连接的功能。

（5）公共信道信令功能

ISDN 的全部信令都采用公共信道信令方式。

3　ISDN 的信道与接口

（1）信道类型

信道是提供业务用的，具有标准的传输速率，它表示接口信息传送能力。在用户/网络接口处向用户提供的信道有以下类型：

1）B 信道。B 信道的速率为 64kbit/s，用来传送用户信息。

2）D 信道。D 信道的速率为 16kbit/s 或 64kbit/s，可以传送公共信道信令；当没有信令信息需要传送时，D 信道可用来传送分组数据或低速的遥控、遥测数据。

3）H 信道。H 信道用来传送高速的用户信息，如高速传真、图像、高速数据、高质量音响及分组交换信息等。H 信道有三种标准速率：H0 信道为 384kbit/s，H11 信道为 1536kbit/s，H12 信道为 1920kbit/s。

（2）接口

ISDN 的用户/网络接口有以下两种接口结构：

1）基本接口。本接口由两条传输速率为 64kbit/s 的 B 信道和 16kbit/s 的 D 信道组成，即 2B+D。它们时分复用在一对用户线上。用户可以用的最高速率为 192kbit/s。

2）基群速率接口。它是一次群速率接口，可用来支持 H 信道。在 ISDN 的用户/网络接口参考配置中，NT 和 LT 之间的部分称为用户环路。对于基群速率接口，数字用户环路采用的是 4 线传输，也可用 2 线全双工传输。

1.3.5　现代通信网的支撑网

支撑网是指能使电信业务网正常运行的起支撑作用的网络，它能增强网络功能，提高全网服务质量，以满足用户要求。在支撑网中传送的是相应的控制、监测等信号。现代电信网包括三个支撑网，即信令网、同步网和电信管理网。这里只简单介绍信令网和同步网。

1　信令网

后面会详细介绍信令的概念，即完成通信网的信号控制与接续过程的指令，这里主要对现代通信网中的电话网信令进行讲解，在其他通信网（如数据网、智能网）中也有类似的信号控制与接续。

要完成一次通信，必须首先与对方取得联系，如在电话网中，摘机信号表示要求通信，拨号信号说明要求通信的对方是谁，挂机信号表示通信结束等。要完成一次通信接续所需要的各种信号（如上面所述）就构成了通信网的信令系统，又称为信令网。

在一般的信令系统中，信令分为用户线信令和局间信令，如图 1-29 所示。

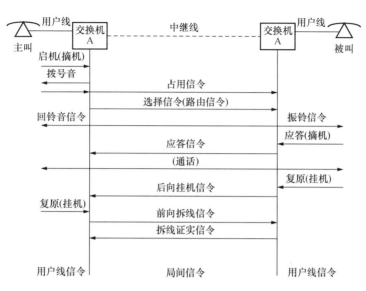

图 1-29　电话接续信令流程

信令网不但可以在电话网、电路交换方式的数据网、ISDN 网和智能网中传送有关呼叫建立、释放的信令，而且可以为交换局和各种特种服务中心（如业务控制点、网管中心等）间传送数据信息。因此，信令网是具有多种功能的业务支撑网，其主要用途如下。

（1）电话接续基本信令

用户线信令主要是指交换机与用户之间在用户线上传送的信令；局间信令主要指交换机与交换机之间在中继线上传送的信令。

（2）No.7 信令网

通信网中的局间信令现在都按 ITU-T 正式提出的 No.7 信令，又称为公共控制信道信令，其主要特点是交换局间的信令通路与话音通路分开，将若干条电路的信令集中起来，用一条专用的信令通路（数据链路）传送，该信令通路被称为公共信令数据链路。由各信令转接点（信令节点）和信令链路组成的网络称之为 No.7 信令网。

（3）电话网的局间信令

完成本地、长途和国际的自动、半自动电话接续；电路交换方式的数据网的局间信令；完成本地、长途和国际的自动数据接续。

（4）ISDN 网的局间信令

完成本地、长途和国际的电话和非话的各种接续。

（5）智能网信令

可以传送与电路无关的各种信令信息，完成信令业务点（SSP）和业务控制点（SCP）间的对话，开放各种用户补充业务。

2　同步网

数字化通信网络正常工作的关键就是同步，同步网也是通信网的支撑系统之一。该网络将从一个或多个参考源引出定时信号传播到交换网中的所有数字交换机中，保证网络各设备的时钟同步。

同步是数字化通信网络的基本需求，同步的目的是使通信网内运行的所有数字设备工作在一个相同的平均速率上。如果发送设备的时钟频率快于接收设备的时钟频率，接收端就会周期性地丢失一些送给它的信息，这种信息丢失称为漏读滑动；如果接收端的时钟频率快于发送端的时钟频率，接收端就会周期性地重读一些送给它的信息，这种信息重读称为重读滑动。网络同步的基本目标就是控制滑动的发生。

单 元 小 结

本单元主要介绍程控交换机、交换网的基本知识，学习中主要以了解为主，查询辅助相关资料。对基本电话网的内容、交换机的发展与结构有个系统认识，在此基础上，重点学习和理解交换的概念，尤其是交换网络中的 T 型时分接线器的结构和工作原理。下面分条进行提示性总结。

目前的电话网主要有固定电话网、移动电话网和 IP 电话网，本单元主要介绍固定电话网，也就是采用电路交换方式的电话交换网（Public Switched Telephone Network，PSTN）。

全国范围的电话网采用等级结构，低等级交换局和高等级交换机相连。电话网采用复合型网将各区域的话务流量逐级汇集，达到通信质量和利用电路的双重目的。

编号计划指的是将本地网、国内长途网、国际长途网、特种业务以及一些新业务等各种呼叫所规定的号码编排规程。本地电话网的一个用户号码由局号和用户号两个部分组成。局号可以为 1～4 位，用户号为 4 位。本地电话网的号码长度最长为 8 位。这部分内容能在后续数据配置中具体得以应用，要熟悉这部分内容。

程控交换机由于其话路系统的构成方式以及控制系统的构成方式不同，分为空分模拟程控交换机和时分数字程控交换机。

T 型时分接线器的功能是完成一条 PCM 复用线上各时隙间信息的交换，它主要由话音存储器和控制存储器组成，就控制存储器对话音存储器的控制而言，可有输出控制和输入控制两种控制方式。

对于 T 型时分接线器，结构决定了工作原理，需要对话音存储器（SM）和控制存储器（CM）的结构、容量等方面认真理解。

学习者也可以对这部分内容自己整理归纳总结。

思 考 与 练 习

1. 通信网络的拓扑结构有哪些类型？
2. 时分接线器中存储器 SM 和 CM 的作用分别是什么？
3. T 型时分接线器的两种控制方式有何异同？

4. ISDN 的信道类型有哪些？主要功能是什么？

5. 我国目前的 PSTN 网采用怎样的结构？

6. 本地网的电话编号可不可以采用不等位长？

7. NGN 是一个怎样的网络？与 PSTN 的区别主要在哪些方面？

8. 为什么说 IP 协议是三网可以共同接收的通信协议？

单元2

PSTN 侧硬件规划

本单元以任务为切入点，所选任务是一个系统性任务，要完成此任务需要充分熟悉 XJ10 版本交换机 8k PSM 的系统结构、系统特点、功能单元配置原则、相关单板的容量、功能、位置、连线等知识。

教学目标

理论教学目标

1. 熟悉交换机 8k PSM 的系统结构；
2. 掌握功能单元配置原则；
3. 理解单板的容量以及配置原则；
4. 熟悉各功能单板功能；
5. 熟悉单板位置、连线；
6. 掌握 HW 线的分配原则。

技能培养目标

1. 熟悉设备上电流程并能够进行操作；
2. 能够熟练进行单板插拔配置；
3. 能够正确进行 HW 线连接以及 HW 号识别；
4. 能够进行后台 IP 地址配置并进行前后台网络互联；
5. 具有查阅相关技术资料的能力；
6. 熟悉职场安全操作规范。

2.1

系统概述

本节涉及交换设备的硬件配置和维护。这里以 8k PSM 外围交换模块总体结构为例，介绍用户单元的容量配置以及用户单元重要单板的功能和配置。

一个 8k 外围交换模块 PSM 最多为 5 个机架，其中#1 机架为控制柜，配有所有的公共资源和两层数字中继、一个用户单元，可以独立工作。其他 4 个机架为纯用户柜（机架号为#2～#5），如图 2-1 所示，只配用户单元。根据用户线数量，单模块结构分为单机架、#2 机架～#5 机架。其控制架配置如图 2-2 所示。

#1	#2	#3	#4	#5	
BDT	BSLC1	BSLC1	BSLC1	BSLC1	第六层
BDT	BSLC0	BSLC0	BSLC0	BSLC0	第五层
BCTL	BSLC1	BSLC1	BSLC1	BSLC1	第四层
BNET	BSLC0	BSLC0	BSLC0	BSLC0	第三层
BSLC1	BSLC1	BSLC1	BSLC1	BSLC1	第二层
BSLC0	BSLC0	BSLC0	BSLC0	BSLC0	第一层

图 2-1 纯用户柜

BSLC0：用户框背板（缺省时配有用户处理器 SP 单板）；BSLC1：用户框背板（缺省时配有用户处理器 SPI 单板）；

BNET：交换网及交换网接口层背板；BCTL：控制层背板；BDT：中继及资源层背板

1	2	3	4	5	6	7	8	9	10	11	12	13	14	15	16	17	18	19	20	21	22	23	24	25	26	27
电源B		数字中继	数字中继		数字中继	数字中继		数字中继	数字中继		数字中继	数字中继		数字中继	数字中继		数字中继	数字中继		数字中继	数字中继		数字中继	数字中继		电源B
1	2	3	4	5	6	7	8	9	10	11	12	13	14	15	16	17	18	19	20	21	22	23	24	25	26	27
电源B		数字中继	数字中继		数字中继	数字中继		数字中继	数字中继		数字中继	数字中继		数字中继	数字中继		数字中继	数字中继		ASIG	ASIG		ASIG	ASIG		电源B
1	2	3	4	5	6	7	8	9	10	11	12	13	14	15	16	17	18	19	20	21	22	23	24	25	26	27
电源B		SMEM			主控单元				主控单元			MPMP	MPMP	MPPP	MPPP	MPPP	MPPP	MPPP	MPPP	STB	STB	STB	V5	PEPD	MON	电源B
1	2	3	4	5	6	7	8	9	10	11	12	13	14	15	16	17	18	19	20	21	22	23	24	25	26	27
电源B		CKI	SYCK			SYCK			DSN		DSN	DSNI	DSNI	DSNI	DSNI	DSNI	DSNI	DSNI	DSNI	FBI	FBI					电源B
1	2	3	4	5	6	7	8	9	10	11	12	13	14	15	16	17	18	19	20	21	22	23	24	25	26	27
电源A		用户板	用户板	用户板	用户板	用户板	用户板	用户板	用户板	用户板	用户板	用户板	用户板	用户板	用户板	用户板	用户板	用户板	用户板	用户板	用户板			SPI	SPI	电源A
1	2	3	4	5	6	7	8	9	10	11	12	13	14	15	16	17	18	19	20	21	22	23	24	25	26	27
电源A		用户板	用户板	用户板	用户板	用户板	用户板	用户板	用户板	用户板	用户板	用户板	用户板	用户板	用户板	用户板	用户板	用户板	用户板	用户板	用户板	MTT	TDSL	SP	SP	电源A

图 2-2 外围交换模块的控制架

副机架也有 6 个框，但是每相邻的两框为一个用户单元，共三个用户单元，每个用户单元的单板配置均一样。

为了形象理解整个系统的功能和结构，将主控框的系统结构拟人化，拟人化后的系统图如图 2-3 所示。

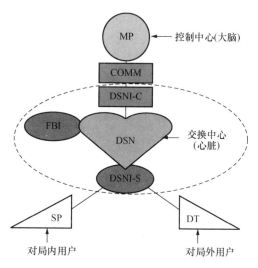

图 2-3　拟人化系统图

2.2
用户单元概述

根据 ZXJ10 系统图的结构情况，分 4 个框、6 个单元来分别阐述系统的硬件结构图。从系统机架的物理配置从下至上依次为用户框、交换网框、主控框和中继框，图 2-4 所示为用户框。

电源A		用户板	用户板	用户板	用户板	用户板	用户板	用户板	用户板	用户板	用户板	用户板	用户板	用户板	用户板	用户板	用户板	用户板	用户板			S P I	S P I	电源A
1	2	3	4	5	6	7	8	9	10	11	12	13	14	15	16	17	18	19	20	21	22	23	24	25	26	27
电源A		用户板	用户板	用户板	用户板	用户板	用户板	用户板	用户板	用户板	用户板	用户板	用户板	用户板	用户板	用户板	用户板	用户板	用户板	MTT	TDSL	SP	SP	电源A

图 2-4　用户框（用户单元）

1　用户单元概述

用户单元是交换机与用户之间的接口单元，用户单元共有两个用户框。用户单元的用户板槽位从 3 号槽位到 22 号槽位，两框共有 40 个槽位。此槽位可以插模拟用户板 ASLC、数字用户板 DSLC，也可混插二线实线中继 ABT、载波中继（2400Hz/2600Hz SFT）、E&M 中继等模拟中继。用户单元中的每块用户板称为一个子单元。

2 配置的单板类型

多功能测试板（MTT 板）：实现用户线、用户话机的硬件测试。
数字用户测试板（TDSL 板）：配数字用户板（DSLC 板）时使用。
用户处理器板（SP 板）：主备用。
跨层用户处理器接口板（SPI 板）：只为上层用户板服务。
电源 A 板。
用户层背板（BSLC 板）：为用户单元各单板安装和连接的母板。

3 用户单元的容量

一个用户单元满配置可以配置 40 块 ASLC 或者 40 块 DSLC。每块 ASLC 可以接出模拟用户 24 户；每块 DSLC 可以接出数字用户 24 户。由此可以计算：一个用户单元最多可以接出模拟用户 960 户或数字用户 480 户。

4 用户单元与上层单元的连接

用户单元与 T 网的连接是通过两条 8Mbit/s 的 HW 线实现的。这两条 8Mbit/s 的 HW 线通过一条电缆由 SP 接到 T 网，从第三框的 DSNI-S 接入。每条 HW 线的最后两个时隙（TS126、TS127）用于与 MP 通信；倒数第三个时隙（TS125）是忙音时隙，用来连接音资源板的忙音。两条 8Mbit/s HW 的其余 250 个工作时隙是由 SP 通过 LC 网络动态分配给用户使用，SP 根据某用户在摘机队列中的次序分配时隙给该用户，一旦时隙占用满，由 SP 控制通过忙音时隙给后续的起呼者送出忙音，因此用户单元可以实现 1∶1～4∶1 的集线比。用户单元时隙动态分配示意图如图 2-5 所示。

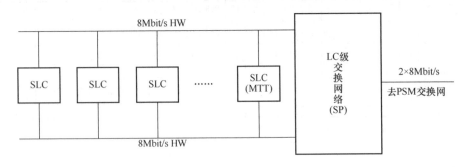

图 2-5 用户单元时隙动态分配示意图

由于 8Mbit/s 的 HW 线相当于 4×2Mbit/s 的 HW,而 2Mbit/s 的 HW 线有 32 个时隙,所以 8Mbit/s 的 HW 线有 128 个时隙,每条 HW 线的最后两个时隙(TS126、TS127)用于与 MP 通信;倒数第三个时隙(TS125)是忙音时隙。所以,只有 125 个话音时隙,两条 8Mbit/s 则有 250 个话音时隙。

5　用户单元的内部结构

在远端用户单元 RLM 中,当 RLM 与母局间的连接发生故障时,SP 使单元内部用户之间的呼叫接续得以实现,并对用户呼叫进行计费暂存储,待故障恢复后转发给母局 MP,这时 MTT 实现了信号音和 DTMF 收号的功能。

BSLC 框原理如图 2-6 所示,BSLC 框为 SP(SPI)板、POWA、MTT、TDSL 及各种用户板提供支撑,为它们之间的控制话路提供通道。另外,也为电源监控提供 RS485 总线接口。BSLC 占两个框位,分别为 SP 本层和 SPI 跨层,两个框位合称为一个用户单元。由 SP/SPI 驱动 8MHz、2MHz、8kHz 等时钟供用户板和测试板使用;SP 与用户板之间有两条双向 8Mbit/s HW 线供话路使用;还有两条双向 2Mbit/s HW 线供 HDLC 通信使用;另 SP 与测试板之间有 4 条 2Mbit/s HW 供两个机框共 4 块测试板高阻复用,提供测试板和一些资源板的功能。测试板与用户板之间有两套双向的测试线。

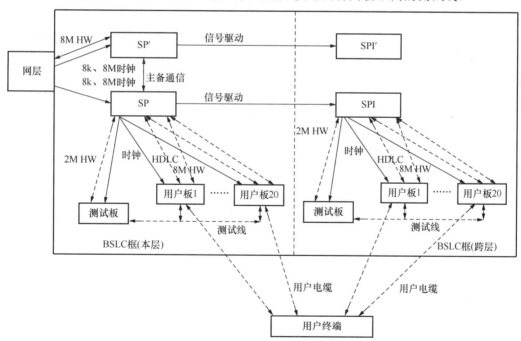

图 2-6　BSLC 框原理

6 用户单元重要单板介绍

（1）ASLC 板

ASLC 用户电路的作用是连接模拟用户与交换网，故又称为用户接口电路（Subscriber Line Interface Circuit，SLIC）。

1）功能。BORSCHT 功能，即馈电（Battery Feed，B）、过压保护（Overvoltage Protection，O）、振铃（Ringing，R）、监视（Supervision，S）、编解码（Codec，C）、二/四线混合（Hybrid，H）、测试（Test，T）等 7 项功能。

2）容量。一般一块 ASLC 电路板可以接入 24 个模拟用户，即连接 24 个模拟电话。满配置情况主控机架用户框插满 40 块 ASLC，故最多可接入 960 个模拟电话。实际情况当中可根据用户数量配置用户板（没计算副机架）。

3）版本。现在使用的硬件版本号为 B010108。

4）位置。处于用户框 3～22 槽位。

5）电缆配置。64 芯电缆，每 4 块用户板配 3 根用户电缆。

6）指示灯。运行（绿灯）：正常运行指示灯；故障（红灯）：错误状态指示灯。

7）配置。主要配置在用户框，在主机架中，一框可以配置 20 块 ASLC 板，每块单板可以接 24 路模拟用户，这样主机架可以承担 960 路模拟用户。

【例 2-1】 某地某用户欲订购 V10.0 版本 ZXJ10 交换机，容量为 6000SLC，总共需要多少块 ASLC 用户板？需要几个机架？

解： 根据 6000÷24＝250，则需要配置 250 块 ASLC 板。由于主机架可以配置 960 模拟用户，副机架全部配置用户板，相当于 3 个主机架配置的容量，则副机架可以配置 2880 模拟用户，而 6000－960＝5040 需要用副机架来承担，所以需要 2 个副机架才能承担。故要配置 250 块 ASLC 板共需 3 个机架。

（2）DSLC 板

DSLC 板是数字用户接口板，向用户提供 12 路工作于 LT 模式的 ISDN 基本速率 BRI 接口，并提供符合国标的远供电源。DSLC 与用户通过标准双绞线连接，与用户之间的距离可达 5.5km（0.4 线径市话电缆）。DSLC 与用户之间的 U 接口的业务信号速率为 144kbit/s，加上同步与维护比特，则线路信号速率为 160kbit/s，线路编码方式为 2B1Q。DSLC 插在用户板槽位，硬件版本为 B020700。一般一块 DSLC 电路板可以提供 12 个 2B+D 的接口。

1）功能。提供 BRI，负责接收、发送交换机侧的 2B+D 数据。

2）容量。12 路/板数字用户，可与 ASLC 板混插，具有远供功能。

3）指示灯。运行（绿灯）：正常运行指示灯；故障（红灯）：错误状态指示灯。用户 0～用户 11：用户状态指示灯正常状态下，运行灯亮 0.5s，灭 0.5s，有呼叫时每接收一次用户信息闪一次，当某一路用户的 NT1 被激活时，对应的那一路用户灯会点亮。

4）配置。主要配置在用户框，在主机架中，可与 ASLC 板混插。每块单板可以接 12 路数字用户。这样，主机架可以承担 480 路模拟用户。

【例 2-2】 某地某用户欲订购 V10.0 版本 ZXJ10 交换机，容量为 6000SLC、240DSLC。总共需要多少块 ASLC 用户板？多少块 DSLC 板？需要几个机架？

解： 根据 6000÷24＝250，则需要配置 250 块 ASLC 板。240÷12＝20，则需要 20 块 DSLC 板。由于主机架可以配置 40 块 SLC 板（ASLC 和 DSLC 可混插），副机架可以配置 120 块 SLC 板，故共需要 270 块 SLC 板，可知需 1 主＋2 副共 3 个机架可以承担 280 块 SLC 板，所以需要 3 个机架。

（3）SP 板

SP 板是用户处理器板，用于 ZXJ10 用户单元的处理。

SP 板向用户板及测试板提供 8MHz、2MHz、8kHz 时钟；提供两条双向 HDLC 通信的 2Mbit/s HW；还提供两条双向话路使用的 8Mbit/s HW 线；另留 4 条 2Mbit/s HW 供 4 块 MTT 高阻复用，提供测试板和一些资源板的功能。

SP 板提供两条双向 8Mbit/s PCM 链路至 T 网。从 T 网的 DSNI-S 引入。SP 板能自主完成用户单元内的话路接续。工作方式：由于用户单元超过 128 路用户，SP 与驱动板都实行主备用。版本：SP 板插于交换机用户框 BSLC、BALT 或 BAMT、BRUD 内。硬件版本为 B000403。位置：占据下一层的 25、26 板位。

1）功能和原理。SP 板主要用于 ZXJ10 交换机的用户单元，SP 板对用户板送来的 2Mbit/s 通信链路进行 2～8Mbit/s 的速率变换，再交换至 CPU 进行处理；反之类推。SP 板与 COMM 板的通信使用两条 T 网 HW 中的 TS126（偶板位）或者 TS127（奇板位），通过交换网的半固定接续送至 COMM 板。SP 与 COMM 板的通信链路交叉连接，通信板采用逻辑主备方式，如图 2-7 所示。SP 板能够通过交换电路实现用户单元内的自主交换。SP 板还能够将与测试板之间的 4 条 2Mbit/s HW 进行 2～8Mbit/s 的速率变换，再经 CPU 和交换电路转换到用户的 8Mbit/s HW 中，从而实现主叫号码与资源板功能。由于 SP 板控制两层，与每个用户层各有一套接口。为保证跨层信号传输的可靠性，跨层接口采用差分传输至另一层，在另一层上由 SPI 接口板转换为单极性信号。

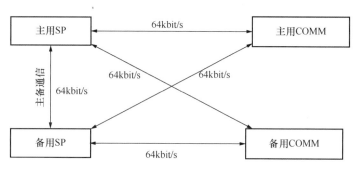

图 2-7　SP 与 COMM 的通信框图

2）指示灯。SP 板有 4 个指示灯，其含义如表 2-1 所示。

表 2-1　SP 板上的指示灯

灯名	颜色	含　义	说　　明	正常状态
RUN	绿	正常运行指示灯	常亮：表示电路板运行不正常； 1s 亮 1s 灭：表示电路板运行正常	1s 亮 1s 灭
FAU	红	错误状态指示灯	亮：表示本板故障； 灭：表示本板正常	灭
MST	绿	主用状态运行指示灯	亮：表示本板主用； 灭：表示主用无效	常亮或常灭
RES	绿	备用状态运行指示灯	亮：表示本板备用； 灭：表示备用无效	常亮或常灭

（4）SPI 板

SPI 板是用户处理器接口板，用于 ZXJ10B 型机的用户单元，为 SP 板和跨层的用户板、测试板提供联络通道。SPI 板把 SP 板发向跨层用户层的信号经转换、驱动送到跨层，包括 8MHz、2MHz、8kHz 时钟，HDLC 通信的 2Mbit/s HW，8Mbit/s 话路 HW 线等；反之亦然。

SPI 板也实行主备用。其主备状态由 SP 板决定，同时 SPI 板有硬件措施确保两块 SPI 板不会同时成为主用。SPI 板插于交换机用户框 BSLC、BALT 或 BAMT、BRUD 内。硬件版本为 B9906。

1）功能和原理。为 SP 板与另一层 SLC、MTT 提供联络通道；把 SP 板到另一层的 ASLC 等板的 HW 线进行平衡驱动及平衡接受；实现 SPI 板主备切换，支持热插拔，SP 板可对 SPI 实行监控，从而能检测到每板的工作状态；从 SP 板接受 8MHz、8kHz 系统时钟并转换成 SLC、MTT 所需的 2MHz/8kHz 和 4MHz/8kHz 时钟。

2）指示灯。SPI 板有 4 个指示灯，其含义如表 2-2 所示。

表 2-2　SPI 板上的指示灯

灯名	颜色	含　义	说　　明	正常状态
RUN	绿	正常运行指示灯	常亮：表示电路板运行正常	常亮
FAU	红	错误状态指示灯	亮：表示本板故障； 灭：表示本板正常	灭
MST	绿	主用状态运行指示灯	亮：表示本板主用； 灭：表示主用无效	常亮或常灭
RES	绿	备用状态运行指示灯	亮：表示本板备用； 灭：表示备用无效	常亮或常灭

（5）MTT 板

MTT 板为多功能测试板，位于 ZXJ10 V10.0 交换机的用户层，主要用于单元内模拟用户内线、用户话机的硬件测试。另外，在远端用户单元自交换时可提供音资源及 50 路 DTMF 收号器等。位置在第 23、24 板位。

在 RLM 自交换时可作为 DTMF 收号器、TONE 音资源使用。

作主叫识别信息单元板（CID）板。

硬件版本为 B001001。

1）功能。MTT 板具有下列功能：

① 112 测试功能。MTT 板作为 ZXJ10 V10.0 交换机 112 系统的物理承载，可完成多模拟用户外线、内线及用户终端的测试。另外，用户久不挂机，可以对用户送催挂音。

② 诊断测试功能。可对交换机用户单元进行自诊断测试。

③ 音资源及 DTMF 收号功能。在远端用户单元自交换时，提供信号音及 50 路 DTMF 收号器。

2）指示灯。MTT 板有 5 个指示灯，其含义如表 2-3 所示。

表 2-3   MTT 板上的指示灯

灯名	颜色	含　义	说　明	正常状态
RUN	绿	正常运行指示灯	常亮或常灭：表示电路板运行不正常； 闪烁：表示电路板运行正常	1Hz 闪烁
FAU	红	错误状态指示灯	亮：表示本板故障； 灭：表示本板正常	灭
TSTI	绿	测内指示灯	亮：表示正在测内	常亮或常灭
TSTO	绿	测外指示灯	亮：表示正在测外	常亮或常灭
HKOFF	绿	被测摘机指示灯	亮：表示被测摘机	常亮或常灭

归纳思考

对于用户类单板的学习，可以假想用户框就好像一个班级集体（最多容纳 40 个同学——40 块 ASLC），SP、SPI、MTT 分别担任的角色则是班长、副班长和纪律委员。

班长（SP）负责和统筹处理班级的基本事务，并负责向上级沟通和汇报（SP 通过两条 8Mbit/s HW 连接到 T 网）；副班长（SPI）协助 SP 工作（主要为跨层用户板、测试板提供联络通道）；纪律委员（MTT）负责测试（主要用于单元内模拟用户内线、用户话机的硬件测试）。

2.3
数字交换单元与时钟同步单元

BNET 层占一个框位，包括两个功能单元：数字交换单元和时钟同步单元。CKI 板和 SYCK 板构成时钟同步单元，其余单板构成交换单元。一块 CKI 板用于外部时钟同步基准的接入（BITS 和 E8K），两块 SYCK 为互为主备用，SYCK 对外部时钟基准进行同步后再向本层机框及整个模块提供时钟。如果本模块没有 BITS 时钟，则不需要配置 CKI 板，SYCK 可直接同步外部的 E8K 时钟。

1 数字交换单元（也称为 T 网）

（1）数字交换单元网结构

数字交换网单元位于外围交换模块的 BNET 层，包括一对网板（DSN）、四对驱动板（DSNI）、一对光纤接口板（FBI）、交换网背板（BNET）。

（2）数字交换单元网容量

BNET 框内配置主备两块 DSN 板，DSN 板为 8k 容量的交换网板，提供 64 对双向的 8Mbit/s HW 单端信号。

（3）数字交换单元的主要功能

支持 64kbit/s 的动态话路时隙交换，包括模块内、模块间及局间话路接续。

支持 64kbit/s 的半固定消息时隙交换，实现各功能单元与 MP 的消息接续。

支持 $n×64kbit/s$ 动态时隙交换，可运用于 ISDN H0、H12 信道传输及可变宽模块间通信（$n≤32$）。

（4）驱动板 DSNI 配置原则

BNET 框内配置两块 MP 级的 DSNI 板，每块 MP 级的 DSNI 将 2 条 8Mbit/s HW 转为 16 条 2Mbit/s HW 的双端 LVDS 信号（每条 2Mbit/s HW 的有效带宽为 1Mbit/s），通过电缆与控制框进行互连，控制框的时钟也是通过相同的电缆由 MP 级的 DSNI 提供。2 块 MP 级的 DSNI 一共可以提供 32 条 2Mbit/s HW。

BNET 框内最多可配置 4 对主备的普通 DSNI（与 FBI 板位兼容），每对 DSNI 板通过 16 条双向单端信号与 DSN 相连，并将单端信号转为双端 LVDS 信号，用于与中继单元、用户单元和模拟信令单元相连。所需要的 DSNI 的数量的计算公式为 INT[N/16]×2+2，N 为模块内所有中继单元、用户单元、模拟信令单元、ODT 和内部传输设备用掉的 8Mbit/s HW 的总数。如果本模块为近端模块，则在 20、21 槽位必须配一对主备用的 FBI 板，此时普通的 DSNI 最多只能配 6 块。

（5）驱动板 DSNI 板的区别

MP 级的 DSNI 板分布在 13、14 槽位。为 DSNI-C，称为控制级或 MP 级的 DSNI 板；其余槽位的 DSNI 是 DSNI-S，称为功能级或 SP 级的 DSNI 板，两类 DSNI 板工作方式和功能都不相同。其具体区别如下。

工作方式不同：DSNI-C 工作方式为负荷分担；DSNI-S 为主备用。

传输的内容不同：DSNI-C 主要用于传输信令消息；DSNI-S 主要传输话音信息。

核心的功能不同：DSNI-C 具有降速功能；DSNI-S 没有降速功能，这也是二者的本质区别。

跳线设置不同：DSNI-C 的跳线端口为 1 和 2；DSNI-S 的跳线端口为 2 和 3。二者之间可以通过跳线互相转换。

FBI 实现光—电转换功能，提供 16 条 8Mbit/s 的光口速率，当两模块之间的信息通路距离较远，而传输速率又较高的时候，ZXJ10 机提供 FBI 光纤传输接口实现模块间连接。数字交换单元结构图如图 2-8 所示。

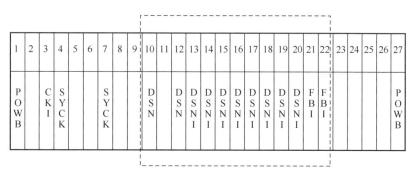

图 2-8　数字交换单元结构图

（6）8kbit/s 交换网 HW 线的分配

8kbit/s 交换网板 DSN 是一个单 T 结构时分无阻塞交换网络，容量为 8k×8k 时隙，HW 总线速率为 8Mbit/s，两块 DSN 板采用双入单出热主备用工作方式，因此一对 DSN 板提供 64 条 8Mbit/s HW，HW 号为 HW0～HW63。

> **提示**
>
> 这里"容量为 8k×8k 时隙"指的是 8k=8192 个时隙。由于一条 8Mbit/s 的 HW 有 128 个时隙，所以一对 DSN 板提供 8Mbit/s 的 HW 有 8192÷128=64 条。

1）HW0～HW3。DSN 板提供的 64 条 8Mbit/s HW 线中，HW0～HW3 共 4 条 HW 线用于消息通信，通过 DSNI-C 板（13、14 板位的 DSNI）连接到 COMM 板。

这 4 条 8Mbit/s HW 线经 DSNI-C 板后降速成 32 条 1Mbit/s HW 线，从 DSNI-C 的后背板槽位引出分别接入各 COMM 板，如图 2-9 所示。在背板上 32 条 1Mbit/s HW 的接头分别用标号 MPC0～MPC31 来表示，MPC0 与 MPC2 合成一个 2Mbit/s 的 HW 连接到 COMM#13，MPC1 与 MPC3 合成一个 2Mbit/s 的 HW 连接到 COMM#14，MPC4 与 MPC6 合成一个 2Mbit/s 的 HW 连接到 COMM#15，MPC5 与 MPC7 合成一个 2Mbit/s 的 HW 连接到 COMM#16，以此类推。由此可知，一个 COMM 具有 32 个通信时隙的处理能力（STB 和 V5 板除外）。两块 DSNI-C 板是负荷分担方式工作。DSNI-C 板与 COMM 板构成"奇对奇，偶对偶"的对应关系，如图 2-9 所示。

2）HW4～HW62。DSN 板其他的 8Mbit/s HW 线主要用来传送话音（HW 中的个别时隙用于传送消息，以实现功能单元与 MP 通信或模块间 MP 通信），可以灵活分配，分别通过 3 对 DSNI-S 板连接到各功能单元，以及通过一对 FBI 板连接到中心模块 CM 或其他近端外围交换模块 PSM。FBI 板和 DSNI-S 板都是热主备用的。

如图 2-10 所示，一对 DSNI-S 或一对 FBI 能处理 16 条 8Mbit/s HW，HW4～HW62 与槽位的对应关系如下。

21/22 槽位 DSNI-S（或 FBI）：HW4～HW19。

19/20 槽位 DSNI-S：HW20～HW35。

17/18 槽位 DSNI-S：HW36～HW51。

15/16 槽位 DSNI-S：HW52～HW62。

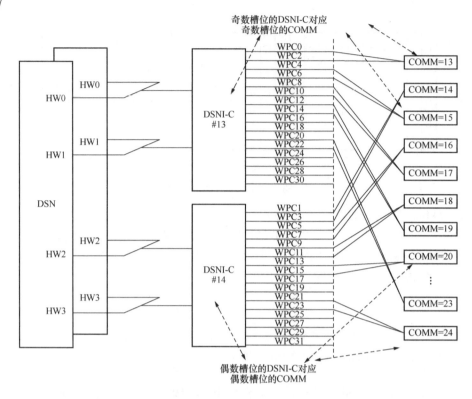

图 2-9　DSN 到 COMM 的连接示意图

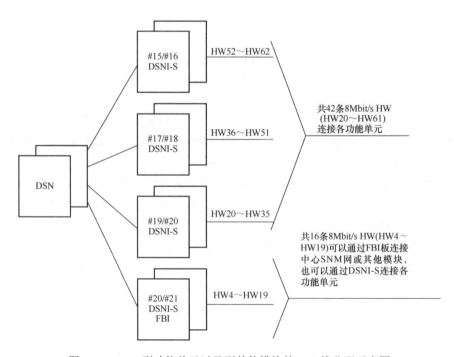

图 2-10　DSN 到功能单元以及到其他模块的 HW 线分配示意图

一般的配置习惯是：HW4～HW19 用于模块间的连接；如果不需要连接其他模块，则 FBI 所在槽位可以混插 DSNI-S 板，可以将 HW4～HW19 连接到功能单元。从 HW20 开始，用于同用户单元的连接，依次增加，每个用户单元占用两条 HW 线。从 HW61 开始，用于同数字中继与模拟信令单元的连接，依次减少，每个单元占用一条 HW 线；HW62 作为备用 HW，也可用于连接功能单元；HW63 用于自环测试。

（7）HW 号识别

在背板上，HW4～HW62 的接头分别用标号 SPC0～SPC58 表示。物理电缆从 DSNI-S 对应的后背板槽位连接到功能单元，一个物理电缆里包含两条 8Mbit/s HW，即两个 SPC 号对应一个物理电缆。

一个用户单元需要占用两条 8Mbit/s HW，则连接用户单元和 T 网的物理电缆所对应的两个 SPC 号分别加 4，就得到该用户单元占用的 HW 号。

> **注意**
>
> HW 号的正确识别非常重要，如果 HW 号识别错误，在数据配置后得到的数据将无法正确启动相关的功能单板，导致电话无法打通。

2　时钟同步单元

本系统最高时钟等级为二级 A 类标准。

数字程控交换机的时钟同步是实现通信网同步的关键。ZXJ10 的时钟同步系统由基准时钟板 CKI、同步振荡时钟板 SYCK 及时钟驱动板（在 8k PSM 上，时钟驱动功能由 DSNI 板完成）构成，为整个系统提供统一的时钟，又同时能对高一级的外时钟同步跟踪。在物理上时钟同步单元与数字交换网单元共用一个机框，BNET 板为其提供支撑及板间连接。

ZXJ10 单模块独立成局时，本局时钟由 SYCK 同步时钟单元根据由 DTI 或 BITS 提取的外同步时钟信号或原子频标进行跟踪同步，实现与上级局时钟的同步。

多模块局时，其中一个模块同样从局间连接的 DTI 或从 BITS 提取到外同步信号或原子频标，实现与外时钟同步。然后通过模块间连接的 DTI 或 FBI，顺次将基准时钟传递到其他模块，其基本形式如图 2-11 所示。这里的外基准同步信号可能是 DTI 提取的时钟、BITS 时钟等。CKI 板提供 BITS 时钟接口，如果不使用 BITS 时钟，则系统可以不配置 CKI 板。本系统最高时钟等级为二级 A 类标准。时钟同步示意图如图 2-11 所示。

SYCK 根据基准时钟产生系统时钟，模块内系统时钟分配关系如图 2-12 所示。

（1）SYCK 板

1）单板功能。可直接接收数字中继的基准，通过 CKI 可接收 BITS 接口、原子频标的基准。

2）单板工作方式。为保证同步系统的可靠性，SYCK 板采用两套并行热备份工作的方式。

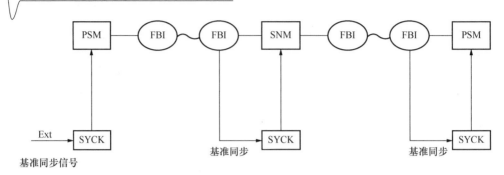

图 2-11　时钟同步

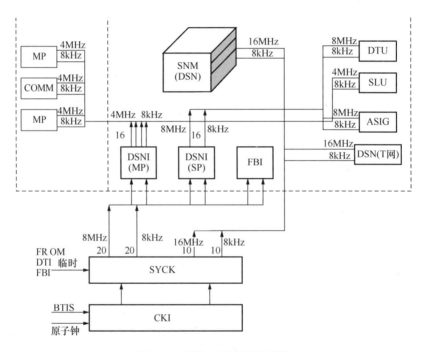

图 2-12　系统时钟分配示意图

3）单板工作模式。ZXJ10 同步时钟采用"松耦合"相位锁定技术，可以工作于快捕、跟踪、保持和自由运行 4 种模式。

4）单板输出时钟。SYCK 板能输出 8MHz/8kHz 时钟信号 20 路，16MHz/8kHz 的帧头信号 10 路。为了提高时钟的输出可靠性及提高抗干扰能力，采用了差分平衡输出。

（2）CKI 板

CKI 板（时钟基准板）为 SYCK 板提供 2.048Mbit/s（跨接或通过）、5MHz、2.048MHz、8kHz 的接口，其主要功能如下：

1）接收从 DT 或 FBI 平衡传送过来的 8kHz 时钟基准信号。

2）循环监视各路时钟输入基准是否降质，各路时钟基准有无的状态，并通过 FIFO 传送到 SYCK 板。SYCK 将此信息通过 RS485 接口上报给 MON，再报告给 MP。SYCK 根据基准输入的种类通知 CKI 选取某一路时钟作为本系统的基准。

3）实现手动选择时钟基准信号，将信号输出给 SYCK。SYCK 从交换机的监控板获得选择基准命令，若要选择 CKI 的某一基准，则必须通过一定途径将信息传给 CKI 以控制它输出某一基准。另一方面，CKI 也需不断地通过 SYCK 向监控板报告当前基准的状况。这就要求 CKI 必须要与 SYCK 进行通信。

SYCK 与 CKI 板的通信是通过 FIFO 芯片 IDT7282 实现的，利用该芯片构成的电路可以实现数据双向流动，即 SYCK 与 CKI 可同时读写 IDT7282，从而在 SYCK 与 CKI 之间建立了一条双向的通信链路。

2.4

主控框/主控单元

主控框由主控单元构成，是核心控制部分。BCTL 机框是 ZXJ10 交换机控制层，完成模块内部通信的处理以及模块间的通信处理。通过以太网接收后台对本模块的配置、升级并向后台报告状态；通过 HDLC 与其他外围 PP 协同完成用户通信的建立、计费、拆路。

ZXJ10 的主控单元对所有交换机功能单元、单板进行监控，在各个处理机之间建立消息链路，为软件提供运行平台，满足各种业务需要。

ZXJ10 的主控单元由一对主备模块处理机 MP、共享内存板 SMEM、通信板 COMM、监控板 MON、环境监控板 PEPD 和控制层背板 BCTL 组成。BCTL 为各单板提供总线连接并为各单板提供支撑，主控单元占用一个机框。BCTL 框满配置如图 2-13 所示。

1	2	3	4	5	6	7	8	9	10	11	12	13	14	15	16	17	18	19	20	21	22	23	24	25	26	27
电源B		SMEM			MP				MP			MPMP	MPMP	MPPP	MPPP	MPPP	MPPP	MPPP	MPPP	STB	STB	STB	V5	PEPD	MON	电源B

图 2-13 BCTL 框满配置图

BCTL 占一个框位。MP 板是主控板，两块板子互为主备用，通过背板的 AT 总线控制 COMM 板、PEPD 板、PMON 板，两块 MP 板通过共享内存板（SMEM）交换数据；MP 通过以太网与后台相连。COMM 板是 MP 板的协处理板，完成 HDLC 功能，通过 AT 总线与 MP 通信；通过 2Mbit/s HW 与网板相连。PMON 板通过 485 线监视电源、时钟等板子的状态，并通过 AT 总线向 MP 板汇报。PEPD 通过一些传感器接口监视机房环境。两块电源板（POWB）为该层的板子提供电源。

主控单元的原理示意图如图 2-14 所示，控制层背板上有两条控制总线，主备 MP 板分别与其中一条控制总线连接，而 COMM 板、PEPD 板和 MON 板同时挂在两条控制总线上。COMM 板、PEPD 板和 MON 板上都带有 8kB 的双口 RAM，各单板通过双口

RAM 和控制总线实现与 MP 板的通信。

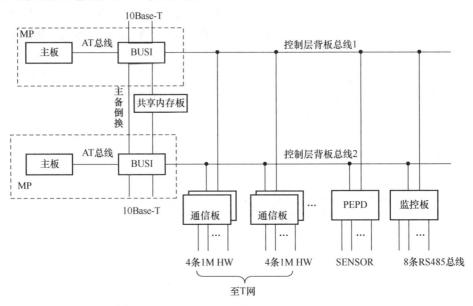

图 2-14 主控单元的原理示意图

（1）MP 板

1）功能。模块处理机 MP 板是交换机各模块的核心部件，它相当于一个功能强大且低功耗的计算机，位于 ZXJ10（V10.0）交换机的控制层，该层有主备两个 MP 板，互为热备份。目前，常用的 MP 硬件版本有 MP B0111、MP B9908、MP B9903。各种硬件版本 MP 的功能基本相同，但是硬件配置和性能随着硬件版本的升级而逐步增强。

MP 板的主要功能如下：

① MP 板提供总线接口电路，目的是为提高 MP 板单元对背板总线的驱动能力，并对数据总线进行奇偶校验，总线监视和禁止。

② 分配内存地址给通信板 COMM、监控板 PMON、共享内存板 SMEM 等单板，接受各单板送来的中断信号，经过中断控制器集中后由 MP 处理。

③ 提供两个 10Mbit/s 以太网接口，一路用于连接后台终端服务器，另一路用于扩展控制层间连线。

④ 主备状态控制，主/备 MP 板在上电复位时采用竞争获得主/备工作状态，主备切换有命令切换、人工手动切换、复位切换和故障切换共四种方式。

⑤ 其他服务功能，包括 Watchdog 看门狗功能，5ms 定时中断服务，定时计数服务，配置设定，引入交换机系统基准时钟作为主板精密时钟，节点号设置、各种功能的使能/禁止等。

⑥ 为软件程序的运行提供平台。

⑦ 控制交换网的接续，实现与各外围处理单元的消息通信。

⑧ 负责前后台数据命令的传送。

2）MP 板的控制模式。MP 板的控制模式在 PSM 内部的 MP 板主要是采用二级控制结构，如图 2-15 所示。

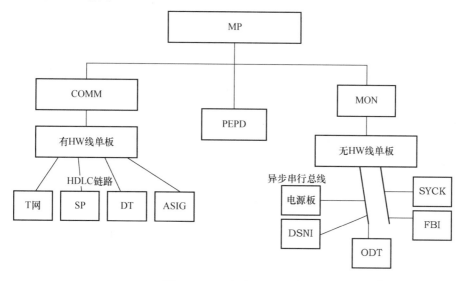

图 2-15　MP 板的控制结构

3）MP 配置。各种硬件版本的 MP 板配置如表 2-4 所示。

表 2-4　各种硬件版本 MP 配置

硬件	MP B0111	MP B9908	MP B9903
CPU	Pentium III	Pentium II	Pentium
内存	最多支持 256MB SDRAM 内存条 3 根，共 768MB	最多支持 256MB SDRAM 内存条 1 根，共 256MB	最多支持 32MB DRAM 内存条 2 根，共 64MB
硬盘	10GB 以上	10GB 以上	10GB 以上
网口	两个 10M/100M 的以太网接口	两个 10M/100M 的以太网接口	两个 10M 的以太网接口
其他外设	支持两个电子盘插座、一个键盘和显示器接口	支持一个电子盘插座、一个键盘和显示器接口	支持一个电子盘插座、一个键盘和显示器接口

4）MP 板面板信号灯及按钮。各种硬件版本 MP 板具有相同的面板信号灯和按钮。MP 板面板信号灯说明如表 2-5 所示。

表 2-5　MP 的面板信号灯说明

灯名	颜色	含义	说　明	正常状态
RUN	绿	运行指示灯	常亮：表示电路板没有运行版本或不正常；常灭：故障；1s 亮 1s 灭：表示电路板运行正常	1s 亮 1s 灭

57

续表

灯名	颜色	含义	说　　明	正常状态
FAU	红	状态或故障指示灯	常亮：表示 MP 故障； 灭：表示 MP 正常	灭或闪亮
MST	绿	主用指示灯	常亮：表示本板为主用板	主用时常亮
RES	绿	备用指示灯	常亮：表示本板为备用板	备用时常亮

MP 板面板主要有以下几个按钮。

SW：倒换按钮，只有主用板才能倒换，按倒换按钮 FAU 灯会闪亮一次。

RST：复位按钮。

ON/OFF：电源开关，按下电源打开。

面板下方有一小盖板，其中有键盘和显示器接口，用于调试，正常使用时应将小盖板装上。

> **注意**
>
> MP B0111 具有延时关闭文件功能，即在按下复位或关闭电源按钮时，MP 会把内存中的数据保存到硬盘上，此时 RUN、FAU 和 RES 均闪亮几秒（最长 20s）然后才复位或关掉电源。

5）MP 板的拨码开关。各硬件版本 MP 板的单板上都只有一个拨码开关，位于 MP 板中间偏右下方，为 8 位拨码开关。开关"ON"代表"0"；"OFF"代表"1"。

MP B0111 和 MP B9908 板上拨码开关的功能是相同的，拨码开关的不同组合有下列三个功能；而 MP B9903 只有模块号和初始化功能，不具备硬件狗功能。

① 模块号。拨码开关按二进制编码，开关第 1 位为低位，第 7 位为高位，组成的二进制数范围为 0000001B～1111111B，即模块号为 1 号～127 号

② 初始化。将 8 位拨码开关拨成组合为"10000001"（即十进制的"129"）后开机，MP 将格式化硬盘，并装载初始版本。大约 5min 完成，之后再关机并拨回到原来的模块号。

> **注意**
>
> 初始化相当于是将硬盘格式化，这样一来，C 盘内原数据将全部丢失，而且也没有任何提示。另外，还需重新设置区号、局号等配置文件中的信息。

③ 硬件狗。拨码开关的第 8 位"ON"时启动硬件狗（版本没有正常运行时会复位 MP），"OFF"时禁止，用于调试。注意：当 MP 为 1 号模块时，第 8 位不能置成"OFF"，1 号模块没有调试模式，硬件狗始终是启动的。如果 1 号模块又将第 8 位置成"OFF"时即为上面的第二功能——将格式化硬盘。拨动开关后，第 1、第 2 功能必须重新开机后才能生效，第 3 功能立即生效。

6）MP 硬盘上主要的文件目录。在 MP 硬盘的 C 盘根目录下，存放有以下几个主

要目录。

① 操作系统目录：C:\DOS、C:\DOSRMX。两个目录分别用于存放 DOS 操作系统和 IRMX 操作系统的相关文件。

② 版本文件目录：C:\VERSION。用于存放 MP 版本文件 ZXJ10B。

③ 数据文件目录：C:\DATA。用于存放后台传送到前台的配置文件。在 DATA 目录下还有三个目录，分别是 TEMP、V0100 和 V0101。其中，TEMP 称为临时目录，保存后台传送到前台的数据文件，当 MP 作为备机时，该目录保存主机同步到备机的数据；V0100 和 V0101 目录下分别保存了交换机运行的所有数据，V0101 是 V0100 的备份目录，正常情况下，这两个目录下的文件应该完全一致。

④ 配置文件目录：C:\CONFIG。用于存放 MP 配置文件 TCPIP.CFG，该文件存放的配置信息如下所示，包括交换局的区号、局号以及后台服务器的节点号等信息，必须与后台设置一致。

```
LOCAL AREA CODE=区号
ZXJ10B NUMBER=局号
TCP-PORT=5000
NTSERVER=129
JFSERVER=130
```

归纳思考

假设 LOCAL AREA CODE=023；ZXJ10B NUMBER=01；TCP-PORT=5000；NTSERVER=129；JFSERVER=130。那么，后台服务器的 IP 地址应该为多少？

7）数据的传送。后台维护终端→129 服务器（后台 Server 中的 SQL 数据库）→前台的缓存→TEMP→内存 RAM→V0100→V0101。

8）指标与注意事项。MP 板功耗相对较大，使用－48V 电源。MP 板上有硬盘，关掉 MP 电源 3～5s，待硬盘电动机停转后才能拔出 MP 板。插入 MP 板前先确认电源开关处于"OFF"的位置。禁止带电插拔 MP 板，插拔单板要带静电护腕，不能拍打 MP 板。

（2）COMM 板

COMM 板是一类通信板的总称，共有 MPMP、MPPP、STB、V5、U 卡通信板五种类型。通信板在整个系统中起着非常重要的作用，主要表现在以下几个方面：

1）完成模块内和模块间通信，提供 No.7 信令、V5、ISDN UCOMM 板的链路层。

2）与外围处理单元之间的通信采用了 HDLC 协议（High-Level Data Link Control Protocol，高级数据链路控制协议），可同时处理 32 个 HDLC 信道。通信链路采用负荷分担方式，以提高系统可靠性。

3）通过两个 4kB 双口 RAM 和两条独立总线与主备 MP 相连交换消息，与 MP 互相都可发中断信号。

COMM 板位于 13～24 板位。COMM 板的类型包括 MPMP、MPPP、STB、V5 和 U

59

卡通信板。其中，MPMP 和 MPPP 板是成对工作的。各类 COMM 板的用途分别如下：

1）MPMP 用于多模块连接时，提供各模块 MP 板之间的消息传递通道。

2）MPPP 提供模块内 MP 板与各外围处理子单元处理机（PP）之间的信息传递通道；其中，固定由 15、16 槽位的一对 MPPP 提供 MP 对交换网板的时隙交换，接续控制通道。

3）STB 提供 No.7 信令信息的处理通道。

4）V5 板提供 V5.2 信令信息的处理通道。

5）U 卡通信板提供 ISDN 话务台用户与 MP 板之间的消息传递通道。

其中，MPMP 板和 MPPP 板提供的消息传递通道称为通信端口。通信端口由通信时隙构成，这些通信时隙也称为 HDLC 信道。

根据通信端口的用途，通信端口分为模块间通信端口（用于两互连模块 MP 板之间通信）、模块内通信端口（用于 MP 板与模块内功能单元通信）、控制与 T 网接续的通信端口——超信道（用于 MP 板控制 T 网接续）。

这些端口被使用的基本情况如下：

1）一个用户单元占用两个模块内通信端口。

2）一个数字中继单元占用一个模块内通信端口。

3）一个模拟信令单元占用一个模块内通信端口。

4）MP 控制 T 网占用两个超信道的通信端口（port1，port2）。

5）模块间通信至少占用一个模块间通信端口（Mport1～Mport8）。

> **提示**
>
> 在数据配置时，要注意配置的 COMM 板与端口的数量关系，以及统计本局电话数据配置中所用的端口和 HW 线之间的关系。

COMM 板的几种主要单板在实际配置中需要根据具体情况选用。在此需要明确几种单板的异同。

MPMP 板配置在主控框 13、14 槽位。一块 MPMP 板能处理 32 个通信时隙，并且 MPMP 板是成对工作的，即一对 MPMP 板能处理 32 对通信时隙；而一个模块间通信端口由 4 对通信时隙构成，因此一对 MPMP 板可以处理 8 个模块间通信端口。

一块 MPPP 板能处理 32 个通信时隙，并且 MPPP 板也是成对工作的，即一对 MPPP 板也能处理 32 对通信时隙；而一个模块内通信端口由一对通信时隙构成，因此一对 MPPP 板能处理 32 个模块内通信端口。用户单元需要占用两个模块内通信端口，数字中继单元、模拟信令单元均占用一个模块内通信端口，MP 板通过这些通信端口控制功能单元并获取功能单元的状态信息。

MPMP 板和 MPPP 板都通过两个 4kB 双口 RAM 和两条独立总线与主备 MP 相连交换消息。

不同槽位的 MPPP 板的异同如下。

15、16 槽位的 MPPP 板提供 24 个模块内通信端口+2 个超信道。

　　T 网的接续控制由 MP 板经 15、16 槽位的 MPPP 板通过 256kbit/s（4×64kbit/s）HDLC 信道进行控制。接续消息由 MP 板发至 15、16 槽位的 MPPP 板，MPPP 板将之转发给主备用交换网，以保证主备用交换网的接续完全相同，如图 2-16 所示。15、16 槽位的 MPPP 板使用各自的前 8 个时隙固定用于 MP 板控制 T 网，构成两个通信端口（一个端口包含 4 对时隙），即是控制 T 网接续的通信端口，也称为超信道。因此，15、16 槽位的 MPPP 板剩余的 24 对时隙只能构成 24 个模块内通信端口。

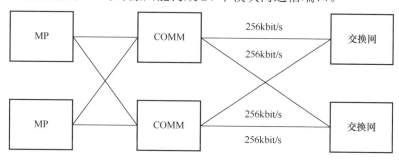

图 2-16　MP 板控制 T 网接续

　　其余槽位的 MPPP 板提供 32 个模块内通信断口，不提供超信道。

　　有些单元、单板的通信与告警监控不需要使用模块内通信端口，主要是通过 MON 板提供 RS485 串口、RS232 串口来实现，如 FBI、ODT、二次电源板等。

　　烟雾、红外、温湿度主要是通过 PEPD 板来实现监控。

> **归纳思考**
>
> 　　前面已经知道，MP 板发送消息给 DSN 需要经过 COMM 板和 DSNI-C 板。这里 COMM 板和 DSNI-C 板的连接存在"奇对奇，偶对偶"的关系。也就是说，13、14 槽位的 DSNI-C 板和 COMM 板连通传送消息时，13 槽位对应奇数槽位的 COMM 板，14 槽位对应偶数槽位的 COMM 板。如果这种连接中断，整个系统将瘫痪。

　　（3）MON 板

　　ZXJ10（V10.0）可以进行本身监控并与 MP 板通过 COMM 板接续实现和各子单元进行通信，各子单元能够随时与 MP 板交换各单元状态与告警信息，但也有不少子单元不具备这种通信功能。因此，为了对这些子单元实现监控，系统专门设置了 MON 板。

　　1）MON 板对所有不受 SP 管理的单板（如电源板、光接口板、时钟板、交换网驱动板等）进行监控，并向 MP 板报告。

　　2）监控板只有一块，提供 10 个异步串口，8 个 RS485 接口和 2 个 RS232 接口。每个 RS485 串口可接若干个单板。

　　3）与各单板通信采用主从方式，监控板为主，单板为从。每次都先由监控板主动发出查询信号，之后才由要查询的单板发响应以及数据信息。

　　4）监控板对发来的数据进行处理判断，如发现异常，向 MP 板报警。

　　考虑到 RS485 串行总线对于多点及长距离通信比较合适，因此监控板对各单板的监控物理层采用 RS485 总线。由于 RS232 应用十分广泛，所以另外提供两个备用的 RS232 总线，供用户扩展功能之用。

（4）PEPD 板

对于大型程控交换设备来说，一个完善的告警系统是必不可少的。它必须对交换机的工作环境随时监测，并对出现的异常情况及时作出反应，给出报警信号，以便及时处理，避免不必要的损失。通过它对环境进行监测，并把异常情况上报 MP 板作出处理。

PEPD 板具有以下功能：

1）对交换机房的环境（如温度、湿度、烟雾、红外等）进行监测。

2）通过指示灯显示异常情况类别，并及时上报 MP。

3）在中心模块中位于控制层，类似于 MP 板与 COMM 板、MON 板的通信方式。

2.5

中继框/（中继单元+模拟信令单元）

BDT 机框是 ZXJ10 交换机的中继层，为数字中继接口板 DTI、模拟信令接口板 ASIG 及光接口板 ODT 提供支撑，同时背板提供保护地。

1 机框配置

BDT 机框可装配下列单板。

DTI：数字中继板，每板 4 路 2M 的 E1。

ASIG：模拟信令板，提供音频信号等。

ODT 板：光中继板，相当于 4 块 DTI 板。

POWB：电源板。

BDT 机框的配置如图 2-17 所示。

1	2	3	4	5	6	7	8	9	10	11	12	13	14	15	16	17	18	19	20	21	22	23	24	25	26	27
电源B		DTI	DTI		DTI	DTI		DTI	DTI		DTI	DTI		DTI	DTI		DTI	DTI		ASIG	ASIG		ASIG	ASIG		电源B

图 2-17 BDT 机框满配置图

DTI 槽位可以混插 ASIG 和 ODT。背板共有两个电源板槽位、16 个中继槽位。

中继层也可以支持光中继板（ODT 板）。ODT 板的功能和 DTI 板的功能相同，但是 ODT 板提供光接口，且一块 ODT 板的传输容量为 512 个双向时隙，相当于 4 块 DTI 板的传输容量，所以一块 ODT 板需要占用 4 条 8Mbit/s HW 与 T 网连接。

中继层还可以支持 16 路数字中继板（MDT 板）。MDT 板的功能和 DTI 板的功能相同，但是 MDT 板的传输容量为 512 个双向时隙，相当于 4 块 DTI 板的传输容量，即能提供 16 个 E1 接口，所以 MDT 需要占用 4 条 8Mbit/s HW 与 T 网连接。

2 数字中继单元

数字中继单元主要由数字中继板 DTI 和中继层背板 BDT 构成，在物理上与模拟信令单元共用相同机框，BDT 背板是 DTI 板和 ASIG 板安装连接的母板，BDT 背板支持 DTI 板或 ASIG 板的槽位号为 $3n$ 和 $3n+1$（$n=1\sim8$）。每块 DTI 板提供 4 个 2M 中继出入接口（E1 接口），即一个 DTI 数字中继单元提供 120 路数字中继电路，每块 DTI 板为一个数字中继单元，对应每个 E1 称为一个子单元。

（1）中继单元功能

数字中继是数字程控交换局与局之间或数字程控交换机与数字传输设备之间的接口设施。数字中继单元主要包括如下功能。

1）码型变换功能：将入局 HDB3 码转换为 NRZ 码，将局内 NRZ 码转换为 HDB3 码发送出局。

2）帧同步时钟的提取：即从输入 PCM 码流中识别和提取外基准时钟并送到同步定时电路作为本端参考时钟。

3）帧同步及复帧同步：根据所接收的同步基准，即帧定位信号，实现帧或复帧的同步调整，防止因延时产生失步。

4）信令插入/提取：通过 TS16 识别和信令插入/提取，实现信令的收/发。

5）检测告警：检测传输质量，如误码率、滑码计次、帧失步、复帧失步、中继信号丢失等，并把告警信息上报 MP。

6）用于 ISDN 的 PRA 用户的接入，实现 ISDN 功能，但此时的软件对 D 通道的处理应按 Q.931 建议，而硬件不变。

数字中继单元与 T 网通过一条 8Mbit/s HW 相连，每条 HW 的 TS64、TS96 时隙作为 DTI 板与 MP 的通信时隙，TS125 时隙为忙音时隙。

数字中继单元主要由数字中继板和 BDT 背板构成。模拟信令单元由模拟信令板和 BDT 背板构成。它们所处的位置为 $3n$ 和 $3n+1$ 板位连续两块。

数字中继单元 DTI 和模拟信令单元 ASIG 分别只需要占用一条 8Mbit/s HW，因此中继层 $3n$ 和 $3n+1$ 槽位的单元共用一条物理电缆，从 $3n$ 槽位连接到 DSNI-S 板，物理电缆中小的 HW 号（小 SPC 号）必须分配给 $3n$ 槽位的单元使用，而大的 HW 号（大 SPC 号）必须分配给 $3n+1$ 槽位的单元使用，这就是遵循的"大对大，小对小"原则。如果中继层使用 ODT 板，则 ODT 板所在槽位需要连接两个物理电缆（4 条 8Mbit/s HW）到 DSNI-S 板。

（2）DTI 板

DTI 板是数字中继接口板，用于局间数字中继，是数字交换系统间、数字交换系统与数字传输系统间的接口单元，提供 ISDN 基群速率接口（PRA），RSM 或者 RSU 至母局的数字链路，以及多模块内部的互连链路。

1）分类。DTI 板可以分为随路 DTI、共路 DTI、模块间通信、连接 RLM 等。

2）位置。中继单元 $3n$ 和 $3n+1$ 连续两块。

3）结构。每个单板提供 4 路 2Mbit/s 的 PCM 链路，2 块单板提供 8 路 2Mbit/s 的 PCM 链路，通过同轴电缆插座，负责电缆的引入和接出。其具体情况（假设 $3n$ 槽位为 A 板，$3n+1$ 槽位为 B 板）如图 2-18 所示。

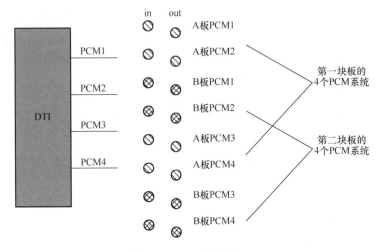

图 2-18　DTI 背板接口

提示

　4 路 PCM 的选择非常重要，需要结合设备准确地找到单板对应的 PCM，以方便中继链路的连接。这是出局数据配置的基础。

4）容量。由于 DTI 板提供 4 路 2Mbit/s 的 PCM 链路，故可以提供 120 个中继电路。中继线路阻抗匹配为 75Ω（国内）或 120Ω 两种阻抗。

3　模拟信令单元

模拟信令单元由模拟信令板 ASIG 和背板 BDT 组成，与数字中继单元共用一个机框。DTI 板与 ASIG 板二者单板插针引脚相同，故可任意混插。中继单元与模拟信令单元数量的配比将根据系统容量及要求具体确定。每块 DTI 板提供 120 个中继电路。同样，每块 ASIG 板也提供 120 个电路，但一块 ASIG 板分成两个子单元。

通常，ASIG 单元采用与 DTI 数字中继单元完全一样的方式实现 T 网连接和与 MP 通信，即一般的 ASIG 单元到 T 网为一条 8Mbit/s 的 HW 线，占用 HW 的最后 2 个时隙与 MP 通信。

1）ASIG 板的功能。提供 DTMF、MFC、音频信号 TONE、主叫号码识别 CID 和会议电话 CONF 服务。

2）ASIG 板的位置。ASIG 板位于 DT 层，可以和 DTI 混插。

3）ASIG 板的结构。板上有两个子单元 DSP，这两个子单元是否烧写 Flash 芯片可区别 ASIG-1、ASIG-2 和 ASIG-3 这三种类型。

① 都烧写芯片则是 ASIG-1 类型，能够实现的功能：具有所有功能服务 DTMF/MFCTONE/CONFCID+ DTMF/MFCTONE/CONFCID。

② 都不烧写芯片则是 ASIG-2 类型，能够实现的功能：不能配 TONE 和会议电话 DTMF/MFC/CID+ DTMF/MFC/CID。

③ 只有一个 DSP 烧写芯片则是 ASIG-3 类型，能够实现的功能：只有第一个子单元有 Flash，无会议电话，TONE/DTMF/MFC/CID+ DTMF/MFC/CID。

4）基本设置。

① 两个子单元都配置为 TONE/MFC/DTMF 其中一种功能，共 120 路。

② 两个子单元选择 DTMF/MFC/TONE 任意两个不同的功能，各 60 路。

③ 一个子单元配为 TONE/会议电话 60 路语音服务/20 个三方会议或两个 30 方会议。

2.6

操作案例：本局交换机单板规划

2.6.1 案例描述

某地区现要开一个新局，现有 5500 模拟用户、200 数字用户、1080 个中继电路，对所有用户开放 CID 业务。需要实现本地区所有用户之间的局内电话互通。如果该地区采购中兴通讯 ZXJ10 版本交换机 PSM8K 进行配置，需要了解涉及各种板件的数量和配置过程，还需要熟悉在插装单板时的正确操作方式和方法，并能对开机后硬件运行故障作有效处理。

2.6.2 案例实施

用户板硬件设置主要根据任务的具体要求，配置机架所需的单板类型以及单板数量，并将相关的功能单板进行连接。这里主要设计用户框、交换网框、主控框和中继框的相关功能单板和连接。

1　用户框单板设计

根据用户框特点以及功能可以知道，在用户框中，需要配置电源板 POWERA 板、ASLC 板、DSLC 板、MTT 板、TDSL 板、SP 板、SPI 板。（如果只有模拟用户，可以不配置 DSLC 板和 TDSL 板）。

（1）用户板单板所需数量设计

根据用户板承担的业务量可以知道，一块 ASLC 板可以连接 24 部模拟电话，一块

DSLC 板可以连接 12 路数字用户，则任务中所需的 ASLC 板为 5500÷24=230 块，所需的 DLSC 板为 200÷12=17 块，则可以知道所需的 SLC 板的数量为 247 块，每个用户单元可以满配 40 块 SLC 板，则需要用户单元为 247÷40=7 个单元。主机架可以提供一个用户单元，副机架可以提供 3 个单元，则需要一个主机架和 2 个副机架，共 3 个机架。

（2）用户板插接位置设计

用户板插接位置有以下几个原则必须遵守：

1）固定单板可以缺省配置。

2）ASLC 板和 DLSC 板可以混插。

3）如果机框单板没有插满，则用户板插接位置一定要物理插接和数据配置一致。

（3）用户单板 HW 线连接设计

用户板的 HW 线由 SP 板连接到交换网框，一个单元（2 框）由 3 条 8Mbit/s 的 HW 线连接到交换层。

2　交换框设置

（1）时钟单元设置

需要在时钟单元配置 CKI 板以及一对 SYCK 板，用于提供系统时钟的同步。

（2）交换单元设置

配置一对 DSN 板，为主备用状态，13、14 槽位配置 DSNI-C 板，通过 COMM 板和 MP 板进行消息的通信。其余槽位根据需要至少配置一对 DSNI-S 板，用于话音信号的接入。

3　主控框设置

需要配置 SMEM 共享内存板，一对 MP 板，13、14 槽位配置 MPMP 板，用于提供模块间通信，15、16 槽位必须配置 MPPP 板，用于提供模块内通信板，17～20 槽位 MPPP 板根据端口的需要进行配置。此外，主控框需要配置信令板 STB，用于局间通信使用；必须配置 MON 板，用于不受 SP 管理的单板进行监控。

4　中继框设置

需要在 3n 槽位和 3n+1 槽位配置 DTI 板和 ASIG 板，并通过背板后铜线柱接口将 HW 线从 DSNI-S 接入，为系统提供 ASIG 承载的功能以及局外用户的信息接入。

5　上电顺序

系统的上电顺序为 POWERP→P0WERB→POWERA→POWERC；断电顺序相反。单板插拔需要佩戴静电环，按照要求规范操作。

2.7 案例检验

控制层单板与交换网层单板的联系如下。

第三框交换网框和第四框主控框的单板都是核心的单板，也是学生在掌握过程中的重点和难点，根据以往经验，相当部分的同学在第三、第四框单板的配置和运用中总是混淆不清，这里对二者进行归纳和联系。

第三框和第四框的重点槽位是 13、14、15、16 槽位。

第三框交换网框的 13、14 槽位插的是 DSNI-C 板，是必须要配置的单板。

第四框主控框的 15、16 槽位插 MPPP，由于要提供超信道，必须配置。很多同学把二者混淆了。

第四框的 13、14 槽位的 MPMP 板在局内通信可以不配，而在局间通信则必须配置。交换网框的 15～22 槽位插 DSNI-S 板，根据机架物理配置来决定配置。

主控框的 17、18、19、20 槽位插的是 MPPP 板，在 15、16 的 24 个模块内通信端口不够用的情况下再配置。

二者联系为第三框交换网框的 13、14 槽位插的 DSNI-C 板必须和主控框的 COMM 板构成"奇对奇，偶对偶"的关系。

2.8 拓展与提高

2.8.1　单板指示灯

ASLC 板的指示灯非常简单，主要有运行灯和故障灯。单板在正常运行时，灯色为绿色常亮。当有故障时，灯色为红色。

2.8.2　故障维护

故障现象 1：ASLC 板不能正常工作。

应该检查的相关部件：SP 板、SPI 板、ASLC 板及其数据配置。

故障分析与处理：由于 ASLC 板受 SPI 或者 SP 管理，所以应该检查 SP 板、SPI 板。另外，物理配置和数据配置要一致，需要检查数据方面的配置。此外，单板本身可能损坏，故需要检查自身单板，可以采用替换法。

故障现象 2：DSLC 用户板不能正常运行。

应该检查的相关部件：相关电源、DSLC 板、SP 板和相应的数据配置。

故障分析与处理：由于 DSLC 板受 SPI 或者 SP 管理，所以应该检查 SP 板、SPI 板。另外，物理配置和数据配置要一致，需要检查数据方面的配置。此外，单板本身可能损坏，故需要检查自身单板，可以采用替换法。

故障现象 3：SP 单元不能正常启动。

可能出现故障的相关部件：SP 板和相应数据配置。

故障分析与处理：由于 SP 通过两条 8Mbit/s 的 HW 和交换网 DSNI-S 连接，所以 SP 单元连接 T 网的 HW 线的配置需要核查，对应的 DSNI-S 板需要排查是否损坏。另外，物理配置和数据配置要一致，需要检查数据方面的配置。此外，单板本身可能损坏，故需要检查自身单板，可以采用替换法。

故障现象 4：DT 单元运行不正常。

可能出现故障的相关部件：DTI 板、HW 线、DSNI 板、2M 线、相关配置。

故障分析与处理：由于 DT 通过一条 8Mbit/s 的 HW 和交换网 DSNI-S 连接，所以此单元连接 T 网的 HW 线的配置需要核查，对应的 DSNI-S 板需要排查是否损坏。另外，物理配置和数据配置要一致，需要检查数据方面的配置。此外，单板本身可能损坏，故需要检查自身单板，可以采用替换法。

故障现象 5：ASIG 板运行不正常。

可能出现故障的相关部件：电源、ASIG、HW 线、MP、DSNI 板、DSN 板。

故障分析与处理：由于 ASIG 通过一条 8Mbit/s 的 HW 和交换网 DSNI-S 连接，所以此单元连接 T 网的 HW 线的配置需要核查，对应的 DSNI-S 板需要排查是否损坏。另外，物理配置和数据配置要一致，需要检查数据方面的配置。此外，单板本身可能损坏，故需要检查自身单板，可以采用替换法。此外，MP 和 DSN 需要控制 ASIG 板提供和分配资源等，所以需要核查二者的运行状态。

故障现象 6：DSNI 板工作不正常。

可能出现故障的相关部件：DSNI 板、时钟、数据配置。

故障分析与处理：主要是看 DSNI-S 和 DSNI-C 板二者之间的跳线设置和配置槽位的情况。另外，还要看时钟和数据配置。

故障现象 7：COMM 板工作不正常。

可能出现故障的相关部件：COMM 板、MP、DSNI、数据配置。

故障分析与处理：通过图 2-3 可以看出，在整个系统中，COMM 板相当于人的脖子，起着 MP 和 DSN 的纽带连接作用，COMM 板提供超级信道，由 MP 控制 T 网使用，而且 COMM 板和 DSNI-C 板存在"奇对奇，偶对偶"的关系，所以对此板故障的排查要从它们之间的联系来着手分析。

单 元 小 结

本单元以 8k 的外围交换模块 PSM 为代表，系统介绍了主控机架的单板配置情况，并以用户框、交换框、主控框、中继框为单位，从用户单元、交换网单元、时钟单元、中继单元和模拟信令单元的角度对 ZXJ10 的系统进行了剖析学习。本单元是学习的重点，学习中应结合实物，观察和理解单板配置、硬件连线等内容。下面分条进行提示性总结。

用户单元是交换机与用户之间的接口单元。用户单元中的每块用户板称为一个子单元。满配置情况下，用户单元可以承载 960 路模拟用户或者 480 路的数字用户，用户单元与 T 网的连接是通过两条 8Mbit/s 的 HW 线实现的。用户单元可以实现 1∶1～4∶1 的集线比。

T 网是交换机的核心交换场所，数字交换单元主要支持 64kbit/s 的动态话路时隙交换，包括模块内、模块间及局间话路接续；支持 64kbit/s 的半固定消息时隙交换，实现各功能单元与 MP 的消息接续；支持 $n×64kbit/s$ 动态时隙交换。8k 交换网板 DSN 是一个单 T 结构时分无阻塞交换网络，容量为 8k×8k 时隙，HW 的总线速率为 8Mbit/s，两块 DSN 板采用双入单出热主备用工作方式，因此一对 DSN 板提供 64 条 8Mbit/s 的 HW，HW 号为 HW0～HW63。

BCTL 机框是 ZXJ10 交换机控制层，完成模块内部通信的处理以及模块间的通信处理。通过以太网接收后台对本模块的配置、升级并向后台报告状态；通过 HDLC 与其他外围 PP 协同完成用户通信的建立、计费、拆路。

数字中继是数字程控交换局与局之间或数字程控交换机与数字传输设备之间的接口设施。模拟信令单元由模拟信令板 ASIG 和背板 BDT 组成，与数字中继单元共用一个机框，可任意混插，其中每块 ASIG 板也提供 120 个电路，但一块 ASIG 板分成两个子单元，子单元可以提供的主要功能包括 MFC、DTMF、TONE、CID、CONF 等，具体取决于 ASIG 板的软硬件版本。

学习者也可以对这部分内容进行归纳总结。

思考与练习

1. 中兴程控交换机都有哪些交换模块？
2. PSM 板主要由哪些单元组成？各自的功能是什么？
3. 请说明 8k 交换机的 HW 线分配情况。
4. ZXJ10 有哪三种组网形式？
5. 数字中继单元的主要功能有哪些？
6. 用户单元的 ASLC 单板都有哪些功能？
7. 模拟信令单板 ASIG 有哪些配置形式？

8．简述 DSNI-C 和 DSNI-S 板的区别和联系。

9．"大对大，小对小"以及"奇对奇，偶对偶"的原则应用在哪里？

10．MP 提供几个以太网接口和后台相连？

11．现在需要配置一个 12000 用户的中兴用户交换机，说明你选择模块、机架、机框、单板的情况。

12．对于一个中兴交换机来说，要实现基本的交换功能，哪些单元是必须要配置的？

13．请说明从后台传送数据到前台交换机的路径。

14．请说明中兴程控交换机 ZXJ10 的上电和下电顺序。

单元3 PSTN 本局数据配置

本单元以典型任务为核心,进行后台数据配置任务。要完成此任务,需要熟悉 ZXJ10 版本交换机 8k PSM 的系统结构、容量规划,功能单元配置原则、相关单板的容量、功能、位置、连线等知识。

教学目标

理论教学目标

1. 熟悉交换机 8k PSM 的系统结构；
2. 掌握功能单元配置原则；
3. 熟悉后台 IP 地址的计算；
4. 熟悉本局呼叫单板流程；
5. 熟悉单板位置、连线；
6. 理解号码分析的原理与方法。

技能培养目标

1. 能够根据具体情况进行容量规划；
2. 能够根据任务需求进行物理配置；
3. 能够正确进行 HW 线连接以及 HW 号配置；
4. 能够进行后台 IP 地址配置并进行前后台网络互联；
5. 能够熟练进行数据上传；
6. 能够熟练进行电话终端拨打实验；
7. 能够应用相关工具进行软硬件及数据故障排查；
8. 能够存储、备份、调用数据；
9. 具备阅读技术资料的能力。

3.1

系统模块总体组成

ZXJ10 采用全分散的控制结构，根据局容量的大小，可由一到数十个模块组成。根据业务需求和地理位置的不同，可由不同模块扩展完成。如图 3-1 所示，除 OMM 模块外，每一种模块由一对主备的主处理机（Module Processor，MP）和若干从处理机（Sub-module Processor，SP）以及一些单板组成。SNM、MSM、PSM、RSM、RLM 为 ZXJ10 前台网络的基本模块，OMM 构成 ZXJ10 的后台网络。

OMM（Operation Maintenance Module）：操作维护模块。

PSM（Peripheral Switch Module）：外围交换模块。

RSM（Remote Switch Module）：远端交换模块。

MSM（Message Switch Module）：消息交换模块。

SNM（Network Switch Module）：交换网络模块。

RLM（Remote Line Module）：远端用户模块。

PHM（Packet Handover Module）：分组交换模块。

CM（Centre Module）：中心交换模块（CM=SNM+MSM）。

MPM（Mobile Peripheral Module）：移动外围模块。

VPM（Visit Peripheral Module）：移动访问外围模块。

RSM（V4.X）：ZXJ10 远端交换模块之一。

IAM（Internet Access Module）：Internet 接入模块。

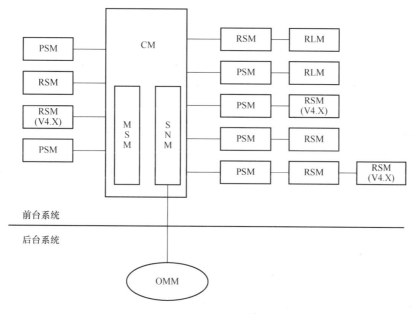

图 3-1 ZXJ10 系统结构示意图

在 ZXJ10 系统中，所有重要设备均采用主备份，如 MP、交换网、网驱动板、通信板、光接口、时钟设备以及用户单元处理机等。

3.2

外围交换模块 ▪▪▪▪▪▪▪▪▪▪▪▪▪▪▪▪▪▪▪▪▪▪▪▪▪▪▪▪▪▪▪▪▪▪▪▪▪▪

外围交换模块（PSM）采用多处理机分级控制方式，其主要功能和配置如下。

1 PSM 的主要功能

PSM 的主要功能如下：

1）单模块成局实现 PSTN、ISDN 用户接入和呼叫处理。

2）多模块成局时作为其中一个模块局接入中心模块。

3）可作为移动交换系统接入中心局。

4）可作为智能网的业务交换点 SSP 接入 SCP。

5）可带远端用户模块。

2　PSM 的配置

近端模块 PSM 分三种类型：用户中继模块、纯用户模块和纯中继模块。根据具体情况，有几种配置方式：标准 8k 网交换模块（SM8）、16k 网交换模块（SM16）、紧凑型 4k 网交换模块（SM4C）。

RSM 模块和 PSM 模块的功能完全一样，RSM 与 PSM 的区别在于与上级模块的连接方式不同。PSM 通过 FBI 和中继（包括 DTI、ODT、SDT、MDT）与上级进行连接，而 RSM 只可以通过中继与上级模块连接。根据具体情况，RSM 有几种配置方式：标准 8k 网交换模块（SM8）、紧凑型 4k 网交换模块（SM4C）和兼容 V4.X 模块（SM2）配置方式等。其中，采用 SM8、SM4C 作为 RSM 时，系统容量与作为 PSM 时相同。

（1）MSM

MSM 主要完成各模块之间的消息交换。PSM、RSM、PHM 经光纤连接到 SNM，由 SNM 的半固定接续将其中的通信时隙连至 MSM，MSM 中的 MP 根据路由信息完成消息的交换。

（2）SNM

SNM 的主要功能是完成 PSM/RSM 与 PSM/RSM 之间的话路交换；完成 PSM/RSM 与 PHM 之间的 B 信道连接。

SNM 分为单平面结构和多平面结构两种。单平面 SNM 只有一对交换网板，也称为单 T 网。一般使用中，有 32kB 和 64kB 两种容量。现在，在较为大型的汇接局还有使用 256kB 单 T 网的。32kB 的单 T 网中心模块最多可直接接入外围交换模块 16 个，远端交换模块最多可接入 48 个。64kB 单 T 网中心模块最多可直接接入外围交换模块 32 个，远端交换模块 48 个。

除单平面外，SNM 的另外一种构成方式为多平面结构。例如，可以由 4 对 8kB 容量的单 T 无阻塞交换网络构成一个总交换时隙数达 32kB 的 S 网；由两对 64kB 容量的 T 网构成 128kB 的 S 交换网，或者由 4 对 64kB 容量的 T 网构成 256kB 的 S 交换网。每个平面的两个 T 网工作在主备方式，目的是为提高可靠性。

根据模块的大小，SNM 可有 32kB、64kB、128kB、256kB 等容量。采用 32kB 单平面 SNM 时，一般建议连接 13 个外围交换模块和 35 个远端交换模块（虽然最大可以接入 16 个 PSM 和 48 个 RSM）。

3.3

操作维护模块 ▪▪▪▪▪▪▪▪▪▪▪▪▪▪▪▪▪▪▪▪▪▪▪▪▪▪▪▪▪▪

ZXJ10 程控交换机采用集中维护管理方式，维护管理网络采用了基于 TCP/IP 的客户机/服务器结构，Windows 2000/NT 4.0 操作系统，如图 3-2 所示。其内容包括管理和维护交换机运行所需的数据、统计话务量、话费、系统测量、系统告警等，整个系统的软件和数据在操作维护模块（OMM）中完成，由 SNM 向每个外围模块传送，并且可进行远程操作维护管理，如图 3-2 所示。

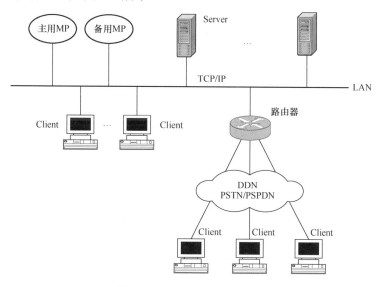

图 3-2　操作维护模块 OMM

> **知识窗**
>
> 后台操作维护模块 OMM 是进行数据配置的地方。通过后台终端数据的配置，再将数据上传到前台 MP，从而对系统进行数据支撑。

3.4

ZXJ10 系统组网 ▪▪▪▪▪▪▪▪▪▪▪▪▪▪▪▪▪▪▪▪▪▪▪▪▪▪▪

ZXJ10 的系统组网主要分为前台组网和后台组网两种，前台组网又分为单模块成局组网和多模块成局组网。

1 ZXJ10 前台网络组网方式

（1）单模块成局

ZXJ10 是模块化结构，基于容量型全分散的控制方式，既可以单模块成局，又可以多模块组网。在组网方式上率先打破了交换机传统的星形组网方式，采用了多级树形组网方案。模块可以再带模块，各模块地位平等。同时，时钟源可以设于任何模块，而不必局限于中心模块。

中心模块与各交换模块间可以采用高速光纤连接，可以采用多种速率的内外置式 PDH 和 SDH 设备进行组网，组成 PDH、SDH 或二者混合的各类环形网、链形网、树形网络及混合形的网络。

不论是单模块还是多模块成局，每个模块都有一个模块号。前台网络的树形结构最多有 3 级，3 级中最多包含 64 个模块，即从 1 号模块到 64 号模块。PSM 单独成局，单模块成局的模块号固定为 2，如图 3-3 所示。

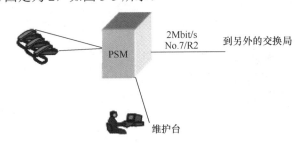

图 3-3 单模块组网示意图

> **提示**
>
> 单模块成局模块号固定为 2，在数据配置时需要进行设计。模块号的硬件设计在 MP 板的拨码开关上完成。

（2）多模块成局

1）PSM 作为中心模块时的组网方式。在这种组网方式中，作为中心模块的 PSM 的模块号为 2，其余模块的模块号可以从 3 号开始到 64 号，可任意指配。以 PSM 为中心，可以构成三级网络：PSM—PSM—PSM/RSM，最后一级可以带 RLM 远端用户模块，如图 3-4 所示。

2）以 CM 为中心的三级树形组网。其基本形式与 PSM 为中心的情况相同，如图 3-5 所示。CM 由 MSM 和 SNM 两个模块构成。其中，MSM 的模块号固定为 1，SNM 的模块号固定为 2，其余模块的模块号可以从 3 号开始到 64 号，可以任意指配，如图 3-5 所示。

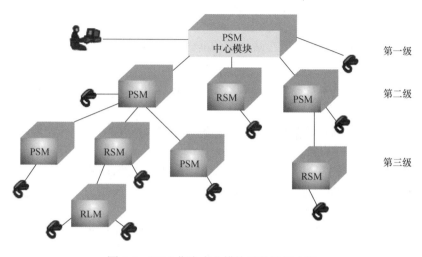

图 3-4　PSM 作为中心模块时的组网方案

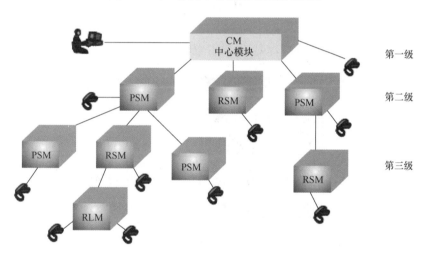

图 3-5　CM 作为中心模块时的组网方案

2　ZXJ10 后台网络组网方式

ZXJ10 前台与后台采用 TCP/IP 网络间的 TCP 链接进行通信，与后台网络融为一体化的 TCP/IP 网络。

前台主备 MP 提供以太网口，通过网线连接到后台网络。如果前台网络是采用多模块成局的组网方式，则 OMM 只需要与 2 号模块的主备 MP 连接，就可以操作维护整个交换局的所有模块。OMM 也提供远端服务器，只对某一个模块进行操作维护。

前后台 TCP/IP 网络需要给每个节点分配一个 IP 地址。这个 IP 网络中的节点包括三类：前台主/备 MP、后台服务器、后台维护终端。每个节点都有一个独立的节点号，节点的 IP 地址将根据交换局的区号、局号和各个节点的节点号三部分信息产生。

IPv4 地址具有唯一性，共为 32 位长度，由网络号和主机号组成。

网络号表示一个物理的网络。同一个网络上所有主机需要同一个网络号，该号是互联网中上唯一的。

主机号确定网络中的一个工作站、服务器、路由器或其他 TCP/IP 主机。对同一个网络号来说，主机号是唯一的。

IP 地址有二进制和点分十进制两种表示形式，常用带点的十进制标记法书写，每个字节用十进制表示，则范围为 0～255。

每个 IP 地址的长度是 32 比特，由 4 个 8 位域组成，称为八位体（Octet）。

IP 地址有 5 种不同的地址类型：A 类、B 类、C 类、D 类和 E 类，如图 3-6 所示。MICROSOFT TCP/IP 支持 A 类、B 类、C 类。地址类型定义了哪些比特用于网络号，哪些比特用于主机号，它还定义了可能拥有的网络数量和一个网络的主机拥有量。可以通过 IP 地址的前 8 位来确定地址的类型。

A 类：最高位为 0，紧跟的 7 位表示网络号，剩余的 24 位表示主机号。

B 类：最高 2 位为 10，紧跟的 14 位表示网络号，剩余的 16 位表示主机号。

C 类：最高 3 位为 110，紧跟的 21 位表示网络号，剩余的 8 位表示主机号。

D 类：用于多路广播组用户。

E 类：用于实验的地址，还没有实际的应用。

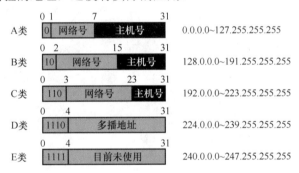

图 3-6　IP 地址的类型

为了方便后台网络的集中维护和扩展，ZXJ10 交换机的所有节点的 IP 地址采用 C 类地址统一编排，包括网络地址和主机地址。

网络地址格式如下：

| 1 | 1 | 0 | A | A | A | A | A | A | A | A | A | A | — | — | — | B | B | B | B | B | B | B | B | C | C | C | C | C | C | C | C |

110：C 类地址标识，3 位。

A：本地所在 C3 网的长途区号，转换为 10 位二进制数，取值范围为 010～999。

—：保留项，3 位，暂填 0。

B：交换局编号（局号），8 位二进制数。在本 C3 网内对所有 ZXJ10 编号，本设备编号数的取值范围为 0～255。

C：节点号。

MP 与后台采用以太网相连，ZXJ10（10.0）使用 Hub 作为集线器，连接各计算机。MP 以及后台之间采用 TCP/IP，每个 MP 或后台等都有自己单独的 IP 地址。具体分配原则如下：

　　1）1～128 分配给主/备 MP。

　　2）129～133 分配给后台 NT Server 服务器。

　　3）134～239 分配给后台终端维护台。

　　4）254 用于告警箱。

其中，机架上位置在左的 MP，节点号是该 MP 模块的模块号；机架上位置在右的 MP，节点号是该 MP 的模块号加 64。

举例：区号为 755，局号为 1，8k PSM 单模块成局的 MP 对应的 IP 地址如下：

　　　　11010111 . 10011000 . 00000001 . 00000010

即左边 MP 对应的 IP 地址为 215.152.1.2；右边 MP 对应的 IP 地址为 215.152.1.64。

IPCONFIG 和 PING 为 TCP/IP 测试工具。

IPCONFIG：可以用来验证主机的 TCP/IP 配置参数，包括 IP 地址、子网屏蔽和缺省网关。它在决定某配置是否已被初始化或是否有重复的 IP 地址时很有用。

PING：用来测试连接，即测试 TCP/IP 配置并诊断连接失败的一种诊断工具——PING IP_address。

知识窗

　　后台终端 IP 地址的计算是基于当地区号、局号和节点号来决定的。后台终端通过网线与前台 MP 相连，在正确设计 IP 地址的基础上上传数据。后台终端可通过组合键 Ctrl+Alt+F12 查看 IP 地址。

3.5

操作案例：电话业务开通

3.5.1　案例描述

某学校程控交换实验室现有 8k PSM 交换机一台，后台终端 40 台，电话终端 20 部，现需要配置本局数据，给电话终端放号，并通过维护台上传数据，实现电话终端本局单局号和多局号之间的电话互通，并结合相关设备和数据，完成基本数据故障的排查和维护。实验室结构如图 3-7 所示。

3.5.2　案例实施

根据案例描述的基本要求，由于是本局呼叫，呼叫双方均在本局范围之列，现假设主叫为 SPA，

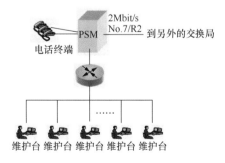

图 3-7　实验室结构

被叫为 SPB，则完成本局呼叫（无论是单局号还是多局号）的流经单板为 SPA→DSNI-S→DSN→DSNI-S→SPB，如图 3-8 所示。

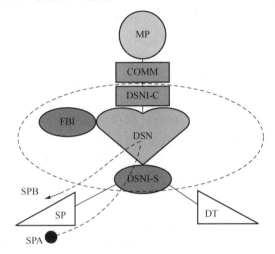

图 3-8　本局呼叫流经单板图

1　局容量数据

在一个交换局开通之前必须根据实际情况进行整体规划，确定局容量。ZXJ10（V10.0）局容量数据是对前台 MP 内存和硬盘资源划分的指示，关系到 MP 能否正常发挥作用。局容量数据一经确定，一般不再做增加、修改或删除操作。如果以后根据实际情况进行了扩容或其他操作，并且对局容量数据进行了修改，则相关模块的 MP 必须重新启动，修改才能生效。

2　全局规划

选择"数据管理"→"基本数据管理"→"局容量数据配置"菜单，在"容量规划"界面中单击"全局规划"按钮，进入"全局容量规划"界面，选择"全局容量规划参考配置类型"为"正常全局容量配置"，如图 3-8 所示。

> **提示**
>
> 局数据配置实际上就好比是通过后台系统搭建一座建筑。全局规划则是规划这座楼建多高，有多少层，能容纳多少住户等。在配置中一般使用建议值。

其中，各参数通常全部选择建议值即可，因此单击"全部使用建议值"按钮，也可以对各参数的当前值进行修改。需要特别注意的是，如果本交换机存在多个不同的网络类型，则必须根据实际情况对"交换局网络类型最大数"进行选择，最大值为 8。

由于不合理的容量配置会导致前台 MP 的内存不够用，所以在全局容量规划中增加了"确定时检查所有模块的容量配置"功能。如配置的容量太大，会导致前台 MP 异常，将不能通过检查，出现如图 3-9 所示的模块容量超范围的告警提示。

全局容量规划				
全局容量规划参考配置类型：	正常全局容量配置			
设计容量	最小值	最大值	建议值	当前值
交换局网络类型最大数	1	8	1	1
邻接局最大数	0	255	32	32
号码分析表容量	0	8192	8192	8192
SCCP中GT翻译表容量	0	65535	1000	1000
路由链最大数	0	512	256	256
路由组最大数	0	1024	512	512
路由最大数	0	2048	1024	1024
7号链路最大数	0	1024	256	256
7号路由最大数	0	1024	512	512
业务音最大数	0	1000	500	500
交换局内用户群最大数	0	8192	1000	1000

☑ 确定时检查所有模块的容量配置

全部使用建议值(L)　　确定(O)　　取消(C)

图 3-8　"全局容量规划"界面

图 3-9　模块容量超范围告警提示

（1）增加模块容量规划

只有进行了全局容量规划设置后，才可以进行增加模块容量规划的操作。在"全局容量规划"界面完成数据配置后单击"确定"按钮，则返回到"容量规划"界面，在该界面单击"增加"按钮，进入"增加模块容量规划"界面，如图 3-10 所示。用户根据界面提示输入欲增加的模块号，选择好模块类型，即可按照实际配置容量设置此模块的容量数据，如无特殊使用情况，可以使用系统提供的建议值，因此单击"全部使用建议值"按钮并单击"确认"按钮，即完成了局容量数据配置。当配置的数据出现异常时，系统会弹出告警提示对话框。

（2）修改模块容量规划

在"容量规划"界面中选中模块号，单击"修改"按钮，进入"修改模块容量规划"界面，具体操作与增加模块容量规划类似。

（3）删除模块容量规划

在"容量规划"界面中选中模块号，单击"删除"按钮，弹出提示对话框。用户确认后即可删除，否则不进行任何操作。

3　交换局数据配置

ZXJ10 交换机作为一个交换局在电信网上运行时，必须和网络中其他交换节点联网配合才能完成网络交换功能，因此这将涉及交换局的某些数据配置情况。交换局数据配置基本结构如图 3-11 所示。

图 3-10　"增加模块容量规划"界面

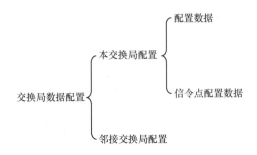

图 3-11　交换局数据配置基本结构

选择"数据管理"→"基本数据管理"→"交换局配置"菜单，进入"交换局配置"界面，如图 3-12 所示。

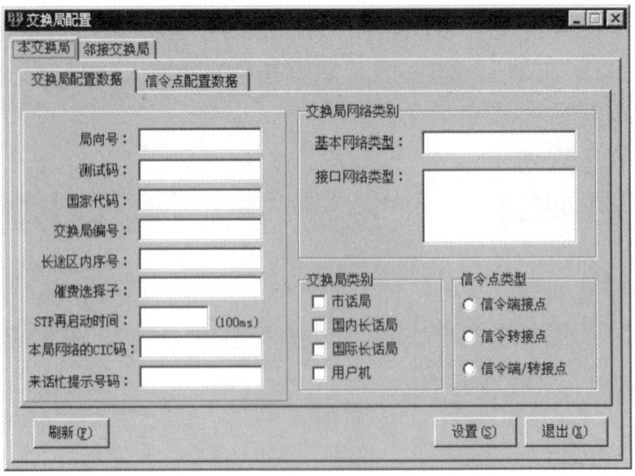

图 3-12　"交换局配置"界面

在该界面中，用户仅能查看本交换局的属性。修改或设置本交换局的相关数据时，需要单击"设置"按钮，在设置本交换局配置数据界面或设置本交换局信令点配置数据界面中进行操作。

提　示

这里由于只是完成本局数据的配置，故只需要配置本交换局基本配置，信令点配置数据和邻接交换机配置在后续出局数据配置中再完成。

本交换局配置数据包括配置交换局的局向号、交换局网络类型、交换局类别、信令点类型、交换局编号、长途区内序号、测试码、国家代码、STP 再启动时间、催费选择子、本局网络的 CIC 码、来话忙提示号码（信令点类型不是信令端接点时有效）等数据。各数据意义如下。

局向号：用来标识本交换局与邻接交换局，其编码范围为 1～255。规定本局的局向号固定取值为 0。

交换局网络类型：基本网络类型如表 3-1 所示。

表 3-1　基本网络类型表

交换网络类型取值	解释	交换网络类型取值	解释
1	PSTN 网	4	电力网
2	铁路网	5	煤炭网
3	军用网	6	移动网

网络名称：根据网络类别取有实际意义的名称。

交换局类别：根据实际需要进行选择，系统会自动判断互斥性。

信令点类型：为互斥性选择。若所开局为"信令转接点"或"信令端→转接点"时，还要根据局方要求设定"本信令点作为 STP 时再启动时间"项，缺省为 20ms×100ms。

交换局编号：根据使用者所在的地区设定。出于电信网络管理需要，每一交换局都分配一个全国统一的交换局编号，其规则有如下三条。

1）长途交换局编号：由字冠 0 与后续长途区号组成。在同一长途编号区内设多个长途交换局时，长途交换局编号由"字冠 0+后续长途区号→长途交换局序号"组成，即 0XX→Y1，其中 XX 为长途区号，Y1 为同一长途编号区内长途交换局序号，Y1=0，1，…，9。

2）国际交换局编号：由字冠 00 与后续国际局所在城市的长途区号组成。同一长途编号区内设置多个国际交换局时，国际局由"字冠 00+后续长途区号→国际交换局序号"组成，即 00XX→Y2，Y2 为同一长途编号区内国际交换局序号，Y2=0，1，…，9。

3）本地交换局编号：第一位为 2～9，可以有 1 位、2 位、3 位、4 位共四种。送到全国和省网络管理中心的本地局号码由"0+长途区号+本地局号"组成。在同一长途编号区内设置多个长途交换局时，在长途区号后面不加"→Y1"。当一个大容量交换局包括几个局号时，只采用一个局号。

长途区内序号：即 Y1 或 Y2，一般取 1 或 2。

测试码：可随意设定任意数字序列（长度不大于 7 位）。

国家代码：ISDN 号码中的国家码，我国为 86。

STP 再启动时间：在信令点类别中选择"信令转接点"或"信令端→转接点"时，还需根据实际情况设置本信令点作为 STP 的再启动约定时间。

催费选择子：本局催费用的号码分析选择子，用于和催缴费系统对接时催费服务器发起催费呼叫时使用。

本局网络的 CIC 码：选择本网络过网号，有中国电信、中国联通、中国铁通和中国网通等类型供选择。

来话忙提示号码：用于和外置式疏忙设备对接使用，即通过该号码可以指向与外置式疏忙设备对接的中继，从而实现疏忙功能。

在"本交换局"→"交换局配置数据"子页面单击"设置"按钮，进入"设置本交换局配置数据"界面，输入交换局名称，根据实际需要设置相关数据。

4 物理配置数据

ZXJ10（V10.0）交换机物理配置数据描述了交换机的各种设备（如交换网板、用户处理器板、用户电路板等）连接成局的方式。在本系统中这种关系共分为兼容物理配置和物理配置两种。由于 ZXJ10（V10.0）交换机可以兼容 ZXJ10（V4.X）版本，因此在物理配置中提供这种兼容配置功能，习惯上称之为兼容物理配置。

选择"数据管理"→"基本数据管理"→"物理配置"→"物理配置"菜单，进入"物理配置"界面，如图 3-13 所示。通过该界面实现的功能有浏览交换局的物理结构（浏览模块、机架、机框、电路板的层次结构等），修改交换机物理配置数据（如增加、修改或删除模块、机架、机框、电路板等）。

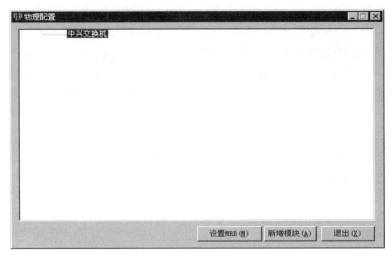

图 3-13 "物理配置"界面

物理配置是按照模块→机架→机框→单板的顺序进行配置的，删除操作与配置操作顺序相反。用户在进行配置操作或删除操作时必须严格按照顺序进行。

增加或删除模块、机架或机框时，首先选择该对象的父对象，然后通过鼠标右键菜单或命令按钮来进行；而修改模块、机架或机框的属性或参数则通过其对象本身的右键菜单或命令按钮来进行。

> **归纳思考**
>
> 物理配置是建立系统物理模型。后台界面的物理配置和前台硬件的物理配置之间存在哪些特定的关系？二者之间需要如何统一？

（1）模块管理

ZXJ10（V10.0）交换机可以由多个模块连接组成，配置什么样的交换模块及如何连接是交换机组网的首要问题。模块管理主要包括模块的增加、删除和属性修改。增加模块时必须指定模块的属性，若交换局是多模块局，则需在模块生成后修改其邻接模块属性。

（2）新增模块

> **注意**
>
> 很多同学在增加模块时，没有注意模块号的设定，导致后续设置不能进行或者设置错。如果单模块成局，模块号为2。

在如图 3-13 所示界面单击"新增模块"按钮，进入新增加模块界面，根据界面提示进行模块数据配置。

ZXJ10（V10.0）交换机主要由交换网络模块亦称中心交换模块（CM）、消息交换模块（MSM）、操作维护模块（OMM）、8k 外围交换模块（PSM）、8k 远端交换模块（RSM）、分组处理模块（PHM）、16k 外围交换模块、语音信箱模块、紧凑型外围交换模块、紧凑型远端交换模块、32k 交换网络模块、64k 交换网络模块、智能长途话务台、128k 交换网络模块、256k 交换网络模块等交换模块组成。

对于 8k 的 PSM 单模块成局，选择"模块号"为 2；"模块种类"为操作维护模块和8k 外围交换模块；对于紧凑型模块单模块成局，选择"模块号"为 2；"模块种类"为紧凑型外围交换模块和操作维护模块。

对于 PSM 多模块成局，则 1 号模块固定为消息交换模块。创建根模块的方法为：选择"模块号"为 2；"模块种类"为操作维护模块和交换网络模块、8k 外围交换模块、16k 外围交换模块、32k 交换网络模块、64k 交换网络模块、智能长途话务台、语音信箱模块中的任一种模块。其他二级或三级模块的创建方法为：选择"模块号"从 3 开始往上，最大可到 64，"模块种类"根据实际情况进行选择。

（3）机架配置

在添加交换机模块后，需要进行模块机架的添加。在"物理配置"界面中选中一模块，单击"新增机架"按钮，进入"新增机架"界面。

机架类型有普通机架、480 机架、A 型机远端用户单元和 19 英寸 PMSP 机架共四种，根据实际情况选择，同时可以对机架 P 电源的电压上下限进行设置，缺省时上下限分别为 40V 和 57V，电压值低于或高于设置值时会产生 P 电源的欠压和过压告警。

（4）机框配置

机架添加完成后，可进行机框的添加。在"物理配置"界面中选中一机架，单击"新增机框"按钮，进入新增加机框界面。选择机框号并选定机框类型后，单击"增加"按钮即可。

注意

在添加机框时，一定要按照机框背板来选择，一旦选错，后边配置单板将导致错误或者无法配置。

除 32k→64k 单平面交换网模块和消息交换模块外，模块的机框号最大为 6，并且机框号和机框类型必须匹配（系统对每种机框都提供默认类型，一般直接采用即可）；否则，系统将予以提示，要求重新选择。机框类型的含义如表 3-2 所示。

表 3-2　机框类型的含义

取　值	解　释
ST_ZXJ10B_BSLC	B 型 BSLC 机框，用户板单板 16 用户线
ST_ZXJ10B_BDT	BDT 机框
ST_ZXJ10B_BCTL	BCTL 机框
ST_ZXJ10B_BNET	BNET 机框
ST_ZXJ10B_BSNM	BSNM 机框
ST_ZXJ10B_BOPT	B 型 BOPT 机框
ST_ZXJ10B_24BSLC	B24SLC 机框，用户板单板 24 用户线
ST_ZXJ10B_24BSLC1	B24SLC 的上面第一层用户框
ST_ZXJ10B_BRSU	B 型远端用户单元的传输机框
ST_ZXJ10B_24BRSLC1	B 型远端用户单元上层机框
ST_ZXJ10B_24BRSLC	B 型远端用户单元下层机框
ST_ZXJ10B_MAT	B 型 BAT 机框（用于模拟中继）
ST_ZXJ10B_SDH	B 型 SDH 机框
ST_ZXJ10B_NCTL	B 型简型机控制层
ST_ZXJ10B_MCTLLOG	B 型中心机架附加层
ST_ZXJ10B_SNM32K	B 型 32k 网层
ST_ZXJ10B_SNM64K	B 型 64k 网层
ST_ZXJ10B_BNET32K	B 型时钟层
ST_ZXJ10B_BRMU	B 型 DT 层
ST_ZXJ10B_IONM_SDH	一体化机 SDH 机框
ST_ZXJ10B_IONM_PWR	一体化机单极电源机框
ST_ZXJ10B_IONM_MONI	一体化机集中控制箱机框
ST_ZXJ10B_CFM	B 型风扇层
ST_ZXJ10B_MAIL	语音信箱机框
ST_ZXJ10B_DSN16K	16k 交换网机框
ST_ZXJ10B_PMSP	多功能用户单元控制层
ST_ZXJ10B_PMSPI	多功能用户单元接口层
ST_ZXJ10B_NEW_SDH	全交叉 SDH 机框

（5）单板配置

在"物理配置"界面中选中对应机框，单击"机框属性"按钮，进入"模块#机架#机框#"界面，如图 3-14 所示，根据不同机框类型的参考配置和机架上的实际板位，配置单板。

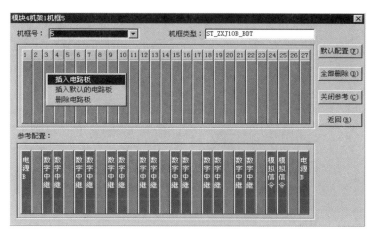

图 3-14　配置单板

在如图 3-14 所示界面中单击"默认配置"按钮，首先弹出"默认安装进度"进度条，系统按照"参考配置"配备该机框。单击"全部删除"按钮，系统将删除该机框中所有电路板。单击"关闭参考"按钮，界面下方的参考配置将关闭，此按钮变为"参考配置"按钮，单击之将恢复初始界面。如果想操作单块电路板，则需用鼠标右键单击该板，在弹出的菜单中选择相应的功能，如图 3-14 所示。

> **注意**
>
> 　　配置单板的原则是要和实际机架相一致。比如说，实际机架中只是在 6 槽位中配置了一块数字中继板，那么系统中也需要在 6 槽位插入一块数字中继板。如果插在 9 槽位或其他合理板位，则需改变机架单板位置和连线。

1）数字中继板配置。在该槽位可插入的单板有数字中继板（即普通的 DTI 板）、模拟信令板（即 ASIG 板）、光中继板（即 ODT 板）、DDN 接口板、单板 SDH（即 SNB 板）以及 16 路数字中继板（即 MDTI 板），如图 3-15 所示。

2）通信板配置。在通信板槽位单击鼠标右键，在弹出的菜单中选择"插入电路板"命令，出现如图 3-16 所示的界面供用户选择单板种类。

> **注意**
>
> 　　在配置 COMM 板的时候，很容易把 MPMP 和 MPPP 混淆，需要认真联系理论知识，分清槽位和单板，在配置过程中一定要认真思考。

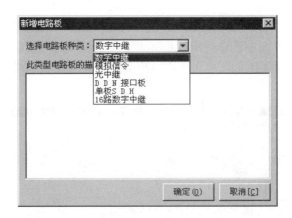

图 3-15　在数字中继板槽位增加电路板

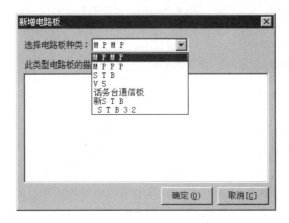

图 3-16　通信板槽位添加电路板

其中，"MPMP"为模块间通信板；"MPPP"为模块内通信板；"STB"为普通的 7 号信令板（提供 8 条 No.7 链路处理能力）；"V5"为 V5 信令板（提供 16 条 V5 信令链路处理能力）；"话务台通信板"用于 U 通信卡的接入；"新 STB"为新的 7 号信令板（提供 16 条 No.7 链路处理能力）；"STB32"为 32 路的 7 号信令板（提供 32 条 No.7 链路处理能力）。

3）模拟用户配置。在该槽位可以插入模拟用户板或模拟中继板。其中，模拟用户板可以是 ASLC（普通模拟用户板）、RSLC（反极性用户板）、PASL（16k C 用户板）；数字用户板可以是 DLC（不带馈电的数字用户板）或 DLCB（带馈电的数字用户板）；远距离用户板（即 FASL 板）；MTRK、MMT、MEMT、MSFT、MSFT2600、MSFT2400、MABTI 以及 MABTO 等板均是带 CPU 的模拟中继板；CTRK 板是带主叫号码接收功能的环路中继板，子速率板是用户 DDN 接入的用户板。

配置到这一步，相当于物理配置已经完成，就像房屋修好后，接下来的任务就是对房屋的装修了。

4）通信板端口配置。在"物理配置"界面中选中一模块，单击"通信板配置"按钮，进入"通信板端口配置（模块#）"界面，如图 3-17 所示。

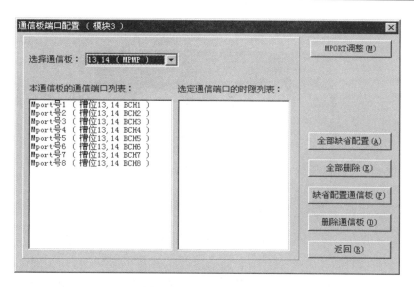

图 3-17 通信板端口配置

> **提示**
>
> 在配置中，通过此界面再结合第 2、3 单元的内容可深入理解 COMM 板提供的端口情况，也可理解不同槽位 COMM 的功能，这对掌握系统硬件有很大帮助。

单击"缺省配置通信板"按钮，系统将按缺省方式配置所选择的通信板。单击"全部缺省配置"按钮，系统将按缺省方式配置所有的通信板。

在配置这部分数据时，因为是缺省，很少有人去思考端口的构成情况，在配置这部分的时候，要去理解各种单板所用的端口数目以及依据，这对掌握单板之间的联系以及系统规划都有很大的帮助。

① 一个用户单元占用两个模块内通信端口。

② 一个数字中继单元占用一个模块内通信端口。

③ 一个模拟信令单元占用一个模块内通信端口。

④ MP 控制 T 网占用两个超信道的通信端口。

⑤ 模块间通信至少占用一个模块间通信端口。

MPORT 调整：

系统提供了模块间通信时隙可调的功能，即模块间通信可以超过 8 个通信时隙，但最少不能少于 8 个通信时隙，可以按 8 的倍数递增，最终的时隙数也必须是 8 的倍数。通过该方法可提高模块间通信的信道容量，模块间消息量增大时不致导致通信信道容量不足。

单击"MPORT 调整"按钮，出现"模块间通信端口时隙数目调整"界面，如图 3-18 所示。

选中某几个端口号，单击"合并"按钮，确认即可完成将几个端口的时隙合并到一个通信端口；如果其中有端口正在使用，则系统将予以提示，并废弃操作。

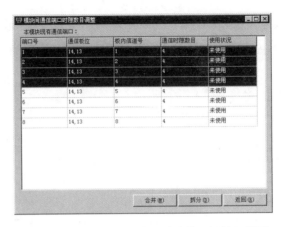

图 3-18　"模块间通信端口时隙数目调整"界面

选中一个通信时隙超过 8 个时隙的通信端口，单击"拆分"按钮，则可以将该端口拆分成标准的 8 个时隙的通信端口；同样，如果其中有端口正在使用，则系统将予以提示，并废弃操作。

5）删除通信板。可根据需要删除通信板端口配置，单击"删除通信板"按钮删除选定的通信板端口配置，单击"全部删除"按钮删除所有的通信板端口配置。如果被删除的通信板上有端口正在使用，则系统将予以提示，并废弃操作。

6）单元配置。在"物理配置"界面中选中一模块，单击"单元配置"按钮，进入"单元配置（模块#）"界面，如图 3-19 所示。在该界面下可以进行增加单元、修改单元和删除单元操作。

注意

这一部分内容主要定义功能单元的配置和 HW 线等的配置，分为有 HW 单元的配置和无 HW 单元的配置，尤其在增加无 HW 单元时，HW 号的确定要根据实际电缆接口的 SPC 号来确定，是一个出现错误概率较高的地方，需要小心仔细。

图 3-19　单元配置

① 增加单元。选择"增加单元页面"（缺省），已经存在的单元将列表显示。选中某单元，其属性将随之显示。

单击"增加所有无 HW 单元"按钮并确认后，系统将自动增加无 HW 的单元。单击"增加"按钮，选择"单元编号"和"单元类型"之后，本模块可供分配的单元项将在左侧列表显示。选中某项，单击">>"按钮分配。分配给此单元的单元项在右侧显示，选中某项，单击"<<"按钮释放。增加单元结构如图 3-20 所示。

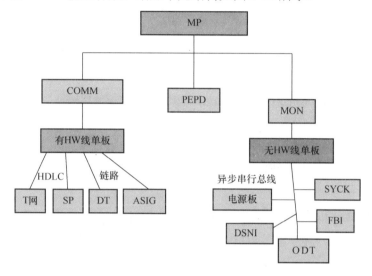

图 3-20　增加单元结构

② 网元属性。"网元属性"按钮仅在配置全交叉 SDH 传输单元和 SDH 传输单元时有效，用于配置 SDH 的网元名称和网元位置。

③ 子单元配置。此操作对"分配给此单元的单元项"栏目中的单元进行子单元配置。当本局配置时，对数字中继的 4 路 PCM 可以选择暂不使用。

当对数字中继单元的子单元进行配置时，单击"子单元配置"按钮，界面如图 3-21 所示。

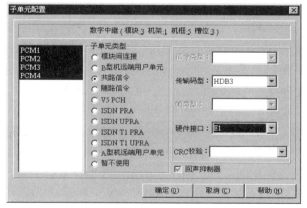

图 3-21　数字中继单元的子单元配置

子单元类型用于配置共路信令的传输码型和硬件接口，或者随路信令的信令类型、传输码型、帧类型和硬件接口等。用"Shift+↑或↓键"或"Shift+鼠标键"可一次选择多个 PCM 进行配置。

在国内使用时，通常对于中继子单元配置成随路时，信令类型选择"No.1"；传输码型选择"HDB3"；帧类型选择"16 Frame"；硬件接口选择"E1"；CRC 校验则根据对接双方商定。当中继子单元配置成共路时，传输码型选择"HDB3"；硬件接口选择"E1"；CRC 校验则根据对接双方商定。回声抑制选项通常不要选择，如选择该项，则对应的数字中继板必须是带有回声抑制功能的 DTEC 数字中继板。

当对模拟信令单元的子单元进行配置时，其子单元配置有多种类型可选择，如图 3-22 所示。

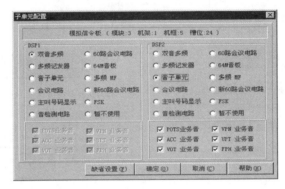

图 3-22　模拟信令单元的子单元配置

知识窗

在配置两个子单元 DSP 的功能时，如果是 ASIG-1，则 DSP1 和 DSP2 谁配置双音多频或者配置音子单元都无所谓。但是，最好在配置并数据传到前台后，通过后台告警看看 ASIG 板是否正常起动；否则，可调换一下 DSP 配置。

实际配置时需根据硬件单板的情况进行设置，模拟信令板从 CPU 处理芯片上分为 Intel 386 和 Motorola 860 两种，通常称之为 386 或 860 的模拟信令板。对于 386 的模拟信令板，又分为音板（TONE）和双音多频板（DTMF），对于 DTMF 板的两个子单元可分别做双音多频、多频记发器或主叫号码显示资源；而 TONE 板的两个子单元可分别做双音多频、多频记发器、主叫号码显示、会议电路（是 30 路的会议电路）、音子单元（是 4M 的音单元）或音检测电路资源，但是两个子单元中只能有一个单元设置为会议电路（是 30 路的会议电路），即一块 386 的 TONE 板只能提供一个 30 路的会议电路资源。

对于 860 的模拟信令板目前有三种硬件单板，分别称为 Asig-1、Asig-2 和 Asig-3。Asig-1 模拟信令板元器件全部装焊，两个子单元可分别作双音多频、多频记发器、主叫号码显示、音检测电路、60 路会议电路、64M 音板、多频 MF 或 FSK 资源；Asig-2 模拟信令板因无 Flash 和会议芯片，两个子单元可分别作双音多频、多频记发器、主叫号码显示、音检测电路、多频 MF 或 FSK 资源；Asig-3 模拟信令板因只有第一个子单元有Flash，无会议芯片，两个子单元可分别作双音多频、多频记发器、主叫号码显示、音检测电路、64M 音板、多频 MF 或 FSK 资源，其中只能有一个子单元能配置成 64M 音板资源。

④ HW 线配置（重点）。单击"HW 线配置"按钮可配置 HW 线，界面如图 3-23所示。可单击"缺省 HW 配置"按钮采用缺省值，也可给出"网号"和"物理 HW 号"。

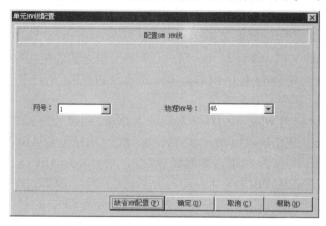

图 3-23 HW 线配置

⑤ 通信端口配置。单击"通信端口配置"按钮可配置通信端口，界面如图 3-24 所示。可单击"使用缺省值"按钮使用缺省值，也可在端口号下拉列表中直接选择端口号。

注意

这里 HW 线的配置必须和实际的 HW 电缆的连接相一致，否则数据制作后发送到前台，该单元将无法正常工作。HW 号可以根据 SPC 号+4 来得到。

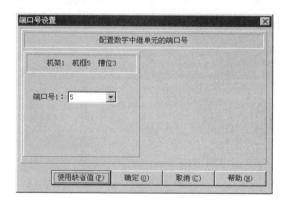

图 3-24 通信端口配置

⑥ 修改单元。在图 3-19 所示界面中选择"修改单元"子页面，在出现的界面中选择相应按钮对子单元进行修改，具体操作与增加单元类似。

⑦ 删除单元。在图 3-19 所示界面中选择"删除单元"子页面，在出现的界面中可以删除所有无 HW 单元，也可以删除选定的单元。

5 号码管理

在 ZXJ10 交换机中，对所有本局局号进行统一编号，称为本局局码（Normal Office Code，NOC，也称为局号索引），其范围为{1，2，3，…，200}，并且本局局号与本局局码呈一一对应关系。一个本局局号对应的本局电话号码长度是确定的，不同本局局号对应的本局电话号码长度可以不等长。

不同号长的用户号码中本局局号、用户号和百号组之间的相互对应关系如下。

对于 8 位号长：记为 PQRSABCD，本局局号为 PQRS，用户号为 ABCD，百号组为 AB。

对于 7 位号长：记为 PQRABCD，本局局号为 PQR，用户号为 ABCD，百号组为 AB。

对于 6 位号长：记为 PQABCD，本局局号为 PQ，用户号为 ABCD，百号组为 AB。

对于 5 位号长：记为 PABCD，本局局号为 P，用户号为 ABCD，百号组为 AB。

对于 4 位号长：记为 PBCD，本局局号为 P，用户号为 BCD，百号组为 PB。

对于 3 位号长：记为 PCD，本局局号为 P，用户号为 CD，百号组为 P。

> **注意**
>
> 号码管理配置首先确定局号，最少一位（则总号码长 5 位），最多四位（则总号码长 8 位）。在局号配置中，局号索引设置非常重要{1，2，3，…，200 可任意选择}，但要和后续号码分析中采用的局号索引一致。

（1）号码管理

选择"数据管理"→"基本数据管理"→"号码管理"→"号码管理"菜单，出现如图 3-25 所示的界面。

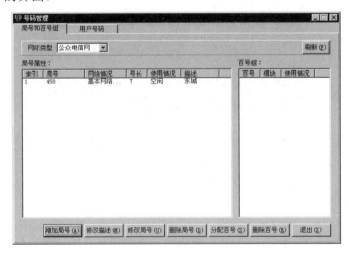

图 3-25 号码管理

1）局号和百号组。在如图 3-25 所示的界面中选择"局号和百号组"子页面，可以进行维护（增加、修改和删除）局号、修改局号描述以及增加和删除百号组等操作。

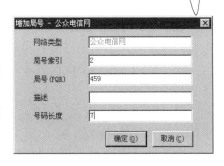

图 3-26　增加局号

① 增加局号。单击"增加局号"按钮，弹出如图 3-26 所示的界面，可增加局号。

相关说明如下。

网络类型：本局所在网络类型，在交换局配置中定义。

局号索引：编码范围为{1，2，3，…，200}。

局号（PQR）：本地局号第一位为 2~9，可以有 1 位、2 位、3 位、4 位共四种，送到全国和省网络管理中心的本地局号由"0+长途区号+本地局号"组成，在同一长途区内设置多个长途交换局时，在长途区号后面不加长途交换局序号，当一个大容量交换局包括几个局号时，只采用一个局号。

描述：对局号的注释。

号码长度：根据实际情况定义，由局号长度加 4 得到。

如果有多个网络，需要放不同网络的局号，则首先要在如图 3-26 所示界面的"网络类型"中选择需要分配局号的网络类型，然后进行局号的增加。

② 修改描述。首先选中要修改描述的局号，单击"修改描述"按钮，在弹出的对话框中对局号描述内容进行修改。

③ 修改局号。首先选中要修改的局号，单击"修改局号"按钮，在弹出的对话框中对局号进行修改。

④ 删除局号。首先选中要删除的一个或多个局号（按"Shift+↑或↓键"或"Ctrl+鼠标左键"可选择多个），单击"删除局号"按钮，确认后即可删除。只有使用情况为空闲的局号才能被删除。

⑤ 分配百号。单击"分配百号"按钮，出现如图 3-27 所示的界面，选择将要分配百号的局号及百号所属模块。选取一个或多个百号后单击">>"按钮进行分配。选中"可以释放的百号组"框中的百号，单击"<<"按钮进行释放。

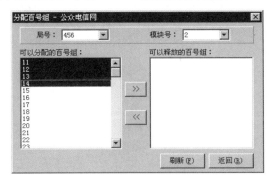

图 3-27　分配百号

在 ZXJ10 交换机中，确定一个用户线端口号需要两个步骤：首先确定用户号码分配的交换模块号，然后确定用户线端口号。

用户号码分配的交换模块号是按照用户百号组来确定的。一个用户号码百号是指某个本局用户号码的千位和百位，同一百号的用户号码构成一个组。

⑥ 删除百号。对于使用情况为空闲的百号组，选中后直接单击"删除百号"按钮并确认后进行删除。

2）用户号码。在如图 3-25 所示的界面中选择用户号码子页面，如图 3-28 所示，可以进行远端控制用户管理、多种方式放号和删除号码等操作。

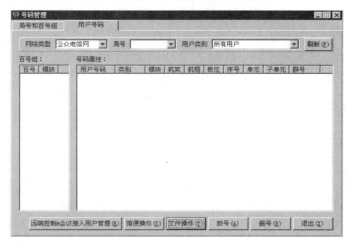

图 3-28　用户号码

该界面中的"用户类别"包括所有用户、普通用户、ISDN 基本速率接口（2B+D）、ISDN 基群速率接口（30B+D）、V5 用户、引示线号码、备用话务台号码、已改号用户号码、未使用号码。如需要浏览某一类别的用户号码，在用户类别中进行选择。

> **注意**
>
> V5 用户号码、引示线号码等在此仅能浏览，有关操作需要转至"数据管理"之"V5 数据管理"操作界面进行。

① 普通放号。普通放号是使用最多的一种放号方式，可以一次对同一个局号同一个模块的大量用户放号。在图 3-28 所示的界面中单击"放号"按钮，弹出如图 3-29 所示的界面。

> **注意**
>
> 很多同学在配置到这一步时，经常出现在"机框"处没有内容可以选择的情况，导致下一步无法进行。导致这种情况的可能性主要有两点：一是物理配置有遗漏或者有错，回到机框配置界面仔细检查配置的单板，尤其是用户板和交换网板；二是单元配置界面是否正确添加配置了有 HW 单元和无 HW 单元。

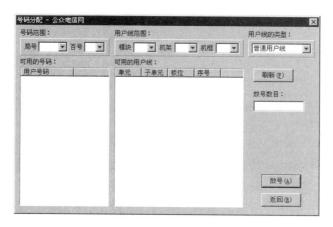

图 3-29　普通放号

先选择用户线类型，再依次选局号、百号、可用号码，以及模块、机架、机框、可用用户线。如果只选到局号而不选百号，放号时该局号下所有已分配的百号可以按先小后大的顺序放出；对于只选到百号或只选模块、机架、机框的情况，也有类似特点。

放号时如果号码与用户线数量不一致，放号数量将以较少一方为准，数量多的一方顺序靠前的部分先放出。如果号码和用户线数量均大于计划放号的数目，可在"放号数目"中填入实际数目。各项输入无误后，单击"放号"按钮，在弹出的界面中确认后即可完成放号。

② 删号。在弹出的界面中单击"删号"按钮，弹出"号码删除"界面，可以根据号码或者用户线来确定所要删除用户的范围，如图 3-30 所示。

图 3-30　号码管理

首先选择用户线类型，再选中一个或多个要删除的号码，单击"删除"按钮，在弹出的对话框确认后即可完成删除。群属性用户、一机多号用户、已改号用户、V5 用户等在这里不能删除，需先去掉相关属性。

只选局号不选具体百号时，将删除该局号下所有可以删除的号码；只选百号或模块、机架、机框时，也将删除该属性下的所有用户。

如果由于数据库异常导致号码无法正常删除，可采用强制删号，单击"强制删除"按钮进行此项操作，也可强制删除批量号码。

> **注意**
>
> 除非万不得已，否则轻易不要采用强制删除号码的方式删号。

（2）号码分析

交换机的一个重要功能就是网络寻址，电话网中用户的网络地址就是电话号码。号码分析主要用来确定某个号码流对应的网络地址和业务处理方式。

号码分析是对主叫用户所拨的被叫号码进行分析，以决定接续路由、话费指数、任务号码及下一状态号码等项目。

1）用户拨号。用户拨号是号码分析的数据来源，它可直接从用户话机接收下来，也可通过局间信号传送过来，然后根据用户拨号查找译码表进行分析。译码表包括：号码类型，如市内号、特服号、长途号、国际号等；应收位数；局号；计费方式；电话簿号码；用户业务的业务号，如缩位拨号、呼叫转移、叫醒业务、热线服务、缺席服务等业务的登记、撤销。

2）分析过程。

① 预译处理。预译处理是对拨号的前几位进行分析处理。一般为1～3位，称为"号首"。例如，如果第一位拨"0"，表明是长途全自动接续；如果第一位是"1"，表示为特种服务接续；如果第一位是其他号码，则需进一步等第二位、第三位号码，才能确定是本局呼叫还是出局呼叫。根据分析的结果决定下一步的任务、接续方向、调用程序以及应收几位号码等。这些可用多级表格展开法进行。

② 对号码分析处理。当收完全部用户所拨号码后，则要对全部号码进行分析，根据分析结果决定下一步执行的任务。假如是呼叫本局，则应调用来话分析程序；假如是呼叫他局，则应调用出局接续的有关程序。

ZXJ10（V10.0）交换机提供7种号码分析器：新业务号码分析器、CENTREX号码分析器、专网号码分析器、特服号码分析器、本地网号码分析器、国内长途号码分析器和国际长途号码分析器。对于某一指定的号码分析选择子，号码严格按照固定的顺序经过选择子中规定的各种号码分析器，由号码分析器进行号码分析并输出结果，如图3-31所示。

选择"数据管理"→"基本数据管理"→"号码管理"→"号码分析"菜单，出现如图3-32所示的界面。

> **注意**
>
> 很多同学在配置到这一步时，经常出现在箭头所指的地方没有分析器入口，为0，正确的应该为1和5，也就是各自分析器的入口，这两个入口必须和分析选择子进行关联，否则号码分析是空号。

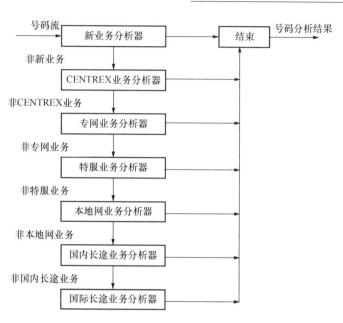

图 3-31　号码分析器的处理流程图

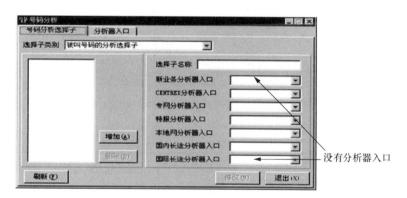

图 3-32　号码分析界面

　　号码分析所走的路线是根据所拨的局号，在用户属性中找到号码分析子→所关联的号码分析子→在分析器中找到所分析的号码。因此，在这里一定要做好号码分析器中的局号分析。这里是很容易犯错误的地方。

　　3）分析器入口。选中"分析器入口"子页面，界面如图 3-33 所示。

　　①增加号码分析器。单击"增加"按钮，弹出如图 3-34 所示的对话框。

　　选择要创建的分析器类型，如果需要继承已有的同类型分析器的分析号码，则应选中"根据已有的相应分析器复制分析号码"，并给出其入口号，单击"确定"按钮即可完成创建。

　　号码分析器入口号取值（缺省情况）如表 3-3 所示。

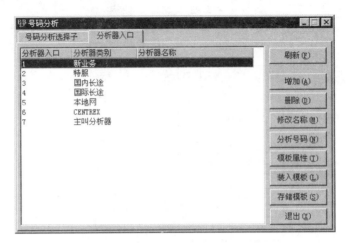

图 3-33 "分析器入口"子页面

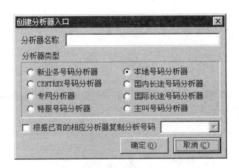

图 3-34 "创建分析器入口"对话框

表 3-3 号码分析器入口号取值

分析器入口	取 值
新业务号码分析器入口	1，5～8192
特服业务号码分析器入口	2，5～8192
国内长途号码分析器入口	3，5～8192
国际长途号码分析器入口	4，5～8192
专网号码分析器入口	5～8192
CENTREX 分析器入口	5～8192
本地网号码分析器入口	5～8192
空	0

当创建一个新的号码分析器时，系统自动将相应类型模板中的数据读入。分析器模板将在后面介绍。

② 删除号码分析器。选中某号码分析器，单击"删除"按钮并确认后，即可删除该号码分析器。正在被号码分析选择子所使用的号码分析器入口不允许删除。

③ 浏览被分析号码属性。选中某一分析器，单击"分析号码"按钮，可以浏览该分析器中被分析号码的属性，界面如图 3-35 所示。

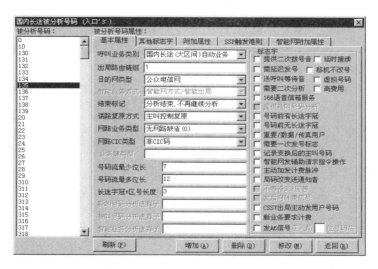

图 3-35　浏览被分析号码属性

④ 增加被分析号码。单击"增加"按钮，可以增加被分析号码，界面如图 3-36 所示。根据实际需要选择输入后，单击"确定"按钮即可增加被分析号码。

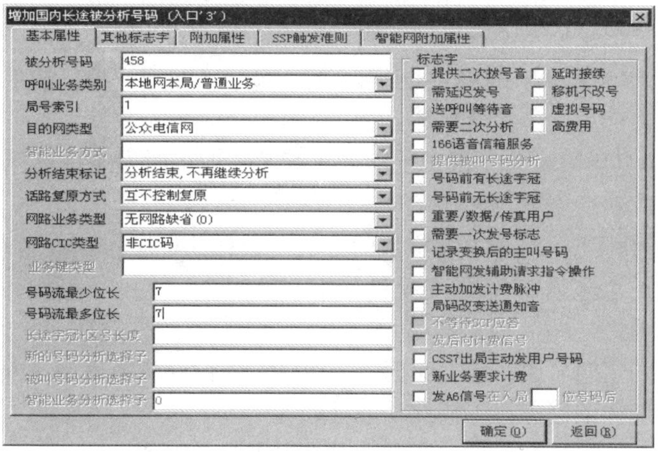

图 3-36　增加被分析号码

如图 3-36 所示界面中"基本属性"、"其他标志字"和"附加属性"三个常用选项卡的说明如下。

a "基本属性"选项卡中的"标志字"选项组说明。

提供二次拨号音：用于出局呼叫，听下级局的二次拨号音，主要用于 TRK 环路中继。未选择该标志位不按此功能处理。

需延迟发号：对 119、110 等特服业务，选中此标记，延时 3s（缺省值）找被叫，在 3s 期间还可以给用户听提示音，提供给用户选择的机会，避免打错号码。未选择该标志位不按此功能处理。

延时接续：延时 3s（缺省值）接续。例如，如果号码分析器中有 163 和 1631（163

和 1631 做到了不同的号码分析器中），并且对 163 进行的号码分析选择此标志，则如果 3s 内不发号，就以 163 的分析结果来找被叫，如果 3s 内收到号，就重新进行号码分析。未选择该标志位不按此功能处理。

送呼叫等待音：当对端局的应答信号（回铃音）没有回来时，可以由本局先给用户接回铃音或呼叫等待音。未选择该标志位不按此功能处理。

虚拟号码：相当于缩位拨号，用一个短号码来代替一个长号码。如果根据虚拟号码得到的真实号码的分析结果还是虚拟号码，则分析失败，即不允许嵌套使用虚拟号码业务。未选择该标志位不按此功能处理。

需要二次分析：是否有新的分析入口，一般应用于专网或用户小交换机。未选择该标志位不按此功能处理。

高费用：置上此标志表示此次呼叫是高费用呼叫，用户要有高费用呼叫权限才允许接续。主要用于限制用户拨打 168 等信息台。未选择该标志位不按此功能处理。

166 语音信箱服务：接收 166 后，将呼叫接至语音信箱。向邮箱的租用者提供一个邮箱的电话号码，可以提供语音留言或语音提取。未选择该标志位不按此功能处理。

提供被叫号码分析：智能网用，暂时未用。

号码前有长途字冠：用于拨打手机用户时，提示主叫用户拨打的手机号码前无需加拨"0"。未选择该标志位不按此功能处理。

号码前无长途字冠：用于拨打手机用户时，提示主叫用户拨打的手机号码前应当加拨"0"。未选择该标志位不按此功能处理。

重要/数据/传真用户：防止用户上网或进行数据业务时发生提高接通率业务。未选择该标志位不按此功能处理。

需要一次发号标志：对于不等位数的号长，选择此标志，当收到最大号长或"#"号时再找被叫，多用于 VOIP 前置交换机采用 PRA 中继呼叫网关设备时。未选择该标志位不按此功能处理。

记录变换后的主叫号码：选上此标志，话单中将记录变换后的主叫号码，否则记录原主叫号码。未选择该标志位不按此功能处理。

智能网发辅助请求指令操作：智能网 SCP（业务控制点）用。

主动加发计费脉冲：对于 IC 卡话机，通过加发计费脉冲来计费。当上级局不发送计费脉冲时，可以选择此标志。未选择该标志位不按此功能处理（海外版本使用）。

局码改变则送通知音：若局码由 458 变为 457，在 458 的号码分析选此标志，则用户拨打 458，会送改号通知音，通知用户所拨号码已由 458 变为 457。未选择该标志位不按此功能处理。

不等待 SCP 应答：SCP 是智能网业务和计费的控制点。

发后向计费信号：智能网专用，表示是发 ANN 或 ANC 信号。未选择该标志位不按此功能处理。

CSS7 出局主动发用户号码：No.7 信令用。采用 TUP 方式时，选择该项呼叫时发"IAI"而不是"IAM"。未选择该标志位不按此功能处理。

发 A6 信号在入局一位号码后：要求发前向 I 组 KA 信号（提供主叫用户类别）和主叫号码，注意此处设置的位数要大于或等于被分析局码的位数。未选择该标志位不按此功能处理。

新业务要求计费：表示对于登记使用该新业务时需要进行计费。未选择该标志位不按此功能处理。

移机不改号：表示用户在更改了地理位置后，仍使用原来的电话号码。该业务需要智能业务的支持，在选择该选项后必须在业务键类型中填写业务键类型。

b "其他标志字"选项卡中各复选项的说明。

在号码分析的其他标志字中，可以设置拦截、鉴权、号码特殊变换、需要计费及卡计费选项，如图 3-37 所示。

需要鉴权：用于关口局对呼叫该局码的所有呼叫进行鉴权处理。未选择该标志位不按此功能处理。

需要拦截：同样用于关口局对呼叫该局码的所有呼叫进行拦截处理。未选择该标志位不按此功能处理。

号码特殊变换：用于通过鉴权服务器对号码进行特殊的变换，不选择该项即不对号码进行特殊处理。

需要计费：该标志用于入中继呼叫该局码时是否计费，选择该标志则入中继呼叫该局码将进行入中继计费。中继组属性中的标志位优先，即中继组标志位中设置需要计费后该处的设置将无效，对该中继的所有入中继将进行计费。

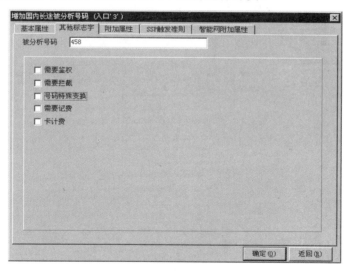

图 3-37 其他标志字

卡计费：用于 IP 超市电话的计费。

c "附加属性"选项卡说明。

在号码分析的"附加属性"选项卡中可以定义主、被叫号码的变换，也可进行最大通话时长等设置，界面如图 3-38 所示，其中定义号码流分段位置等设置限海外版本使用。

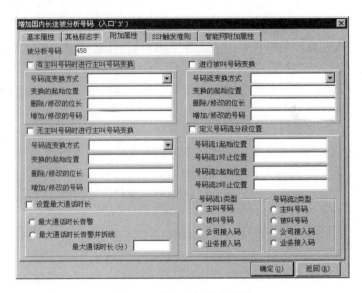

图 3-38 号码分析附加属性

⑤ 主叫号码分析器。主叫号码分析器用于入中继呼叫时使用，在入中继的属性中可以根据需要选择使用主叫号码分析选择子，即对于入局呼叫可先分析主叫号码，然后根据分析结果给出不同的被叫号码分析子或不予通过，这是一种简单的鉴权功能。在如图 3-33 所示界面选择某主叫号码分析器，单击"分析号码"按钮进入如图 3-39 所示的"主叫分析器被分析号码"设置界面。

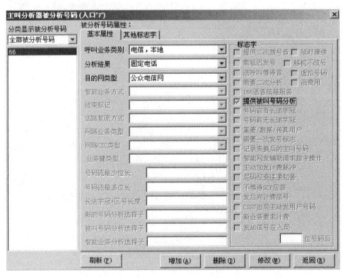

图 3-39 主叫号码分析器的号码分析

4）号码分析选择子。选中"号码分析选择子"子页面，当"选择子类别"为被叫号码的分析选择子时，界面如图 3-40 所示；当"选择子类别"为主叫号码的分析选择子时，界面如图 3-41 所示。

图 3-40　被叫号码分析选择子页面

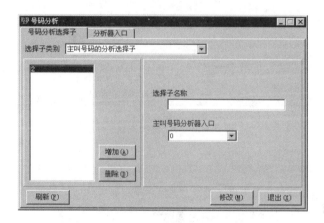

图 3-41　主叫号码分析选择子页面

注意

在分析器入口中增加了分析器以后，就可以在如图 3-40 所示的界面进行号码分析选择子与分析器的关联了。当单击选择子的时候，就可以在分析器下拉菜单中选择入口编号，最后单击"修改"按钮。这在实际操作中很容易忽略。

还要注意：号码分析子不能和局号一样。

选中某选择子，系统将显示它所包含的分析器。若某分析器为 0，则表示该类分析器没有配置，使用此选择子的号码流不进行该类分析。

对主叫号码分析选择子和被叫号码分析选择子，可以进行增加、修改和删除操作。

6　用户属性数据

在制作了用户号码数据后，就需要对用户属性进行定义。用户属性数据涉及和用户本身有关的数据及相关属性的配置问题，它分为用户模板定义和用户属性定义两个部分。在制作用户属性数据时，先选择用户模板，然后再根据实际要求添加用户属性，也可以自定义新的用户模板。

（1）用户模板定义

选择"数据管理"→"基本数据管理"→"用户属性"菜单，出现如图 3-42 所示的界面，选择"用户模板定义"子页面，进行用户模板的定义。

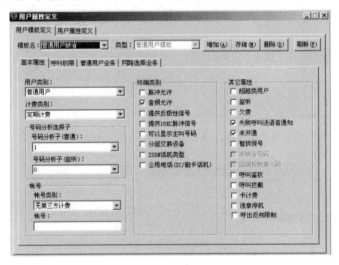

图 3-42　用户模板定义界面

知识窗

在进行用户属性定义时最好先定义模板，其操作步骤如下。

1）选中号码分析子，且分析子一定是和分析器关联的分析子。

2）勾选上"脉冲允许"复选项。

3）取消勾选"未开通"复选项，然后存储，再在用户属性定义中将所放的用户号码进行定义。如果这一步不成功，拨打电话时是忙音，通过后台呼叫与检索发现"主叫用户未开通"提示。

很多同学在这里都要出现问题，应重视。

在如图 3-42 所示界面中，单击相应按钮可以进行增加模板、存储模板和删除模板等操作。

ZXJ10（V10.0）交换机共提供了三种缺省的用户模板，即普通用户缺省模板、ISDN 号码用户缺省模板和 ISDN 端口用户缺省模板。若不能完全满足需求，则可以在系统原有模板基础上增加新的用户模板。

（2）普通用户缺省模板

普通用户缺省模板包括基本属性、呼叫权限、普通用户业务和网路选择业务 4 部分。

1）基本属性。基本属性包括用户类别、计费类别、终端类别、号码分析选择子、账号以及其他属性。

用户类别、计费类别以及其他属性有系统预设值，可根据实际需要进行设置。

终端类别可以复选，例如可以同时选择"脉冲允许"、"音频允许"和"可以显示主叫号码"属性；对于反极性用户，如果需要通过反极性提供计费信号，则必须选择"提供反极性信号"；对于 IC/磁卡话机，如果需要防止盗打，则可以选择"公用电话（IC/磁卡话机）"属性；如果需要主叫号码显示功能，则必须选择"可以显示主叫号码"属性。

号码分析选择子有普通号码分析子和监听号码分析子，前者是用户呼叫时的号码分析选择子，后者是作为监听用户时的号码分析选择子，一般不要设置。

账号用于设置用户付费账户的开户行和账号号码，目前未使用，缺省选择"无第三方计费"。

2）呼叫权限。呼叫权限分普通权限和欠费权限，分别对应于用户正常的权限和欠费时的呼入呼出权限。

对于经常使用的权限，系统提供了相应的权限模板，包括常用权限模板、欠费权限模板、限长途权限模板、市话权限模板、国内长途权限模板、国际长途权限模板、本局权限模板、本模块权限模板以及呼入呼出全阻模板。默认情况下，普通用户缺省模板的普通权限采用常用权限模板，欠费权限采用欠费权限模板。此外，还可以根据局方自己的需要定义新的权限模板。

提示

普通用户缺省模板和常用权限模板等权限模板，是两种不同级别的模板。

3）普通用户业务。此处可以选择所申请的新业务种类。随着国标要求的新业务的增加和 ZXJ10（V10.0）交换机功能的不断增加，这部分的界面有可能会随之调整。需要说明的是，只有选择了新业务种类中的"主叫号码显示（被叫方）"，才能选择主叫号码显示的限制方式，否则限制方式不起作用。

4）网路选择业务。随着电信运营商的不断增多，互连互通显得越来越重要，为此 ZXJ10（V10.0）交换机提供了网路选择业务功能，方便用户选用不同的网路出局呼叫，界面如图 3-43 所示。

其中，"用户网络类别"有"预置用户"和"自由选择用户"两种可供选择。

如果选择"预置用户"，则该用户被预置在一种网络类别中，该用户在进行长途呼叫时缺省自动选择被预置的网络，通过该网络进行长途呼叫接续；该用户还可通过拨打"其他网络过网号"＋"被叫长途用户号码"的方式拨打长途电话，该电话将通过用户拨号时选择的网络进行呼叫接续。

如果选择"自由选择用户"，则该用户在拨打长途时系统会自动选择和本网络类别一致的网络进行接续；该用户也可通过拨打"其他网络过网号"＋"被叫长途用户号码"的方式拨打长途电话，该电话将通过用户拨号时选择的网络进行呼叫接续。

（3）ISDN 号码用户缺省模板

ISDN 号码用户缺省模板的基本属性、呼叫权限及网路选择业务与普通用户缺省模板完全相同，可以参见普通用户缺省模板的相关介绍。

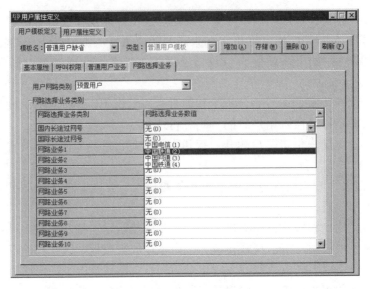

图 3-43　网路选择业务

ISDN 用户号码业务中"附加业务"有无条件转移（CFU）业务、遇忙转移（CFB）业务、无应答转移（CFNR）业务以及群外呼叫前转设置三个转移业务。

（4）ISDN 端口用户缺省模板

ISDN 端口用户缺省模板只配置 ISDN 端口业务，即附加业务。需要说明的是，对于主叫线识别限制方式和被叫线识别限制方式，只有在选择了"主叫线识别提供"和"被叫线识别提供"后才有意义。

呼出号码限制管理功能的目的是为了限制某些用户呼叫其他的号码。在如图 3-43 所示界面中选取"呼叫权限"子页面，在该子页面中单击"呼出号码限制设定"按钮，出现如图 3-44 所示的界面。

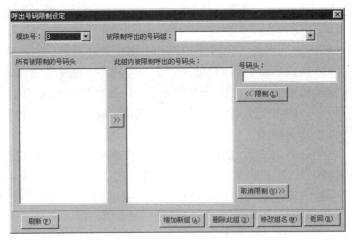

图 3-44　呼出号码限制设定

单击"增加新组"按钮，可以创建被限制呼出的号码组。选定了被限制呼出的号码组后，在"号码头"中输入要限制的号码（可全可不全），单击"<<限制"按钮，即可将该号码加入"限制的号码头"列表（左右两列）。此外，还可以进行删除限制组和修改限制组组名的操作。

有了呼叫限制组后，在设置用户属性时就可以选择用户被限制的呼叫限制组。具体方法在用户属性定义中介绍。

（5）用户属性定义

用户属性定义是局方日常工作使用最频繁的部分，可实现的功能包括用户停、开机，用户呼叫权限的变更以及用户新业务的登记和撤销等。

在进行用户属性定义时，首先要定位需要设置属性的用户，然后对用户的属性进行设置。在设置属性时，既可以采用用户模板进行设置，也可以对某个号码进行单独设置。

在如图 3-43 所示的界面中选择"用户属性定义"子页面，如图 3-45 所示。

图 3-45 用户属性定义

知识窗

　　用户模板定义好后，在这个界面需要将所放出的号码关联进模板，可以采用列表批量方式和手工方式，建议采用列表批量方式，然后选中所需号码进行确定，再用手工输入其中一个来检验是否正确得到之前定义的模板形式。如果是，表明用户属性设定成功。如果这一步不成功，拨打电话时是忙音，通过后台呼叫与检索发现"主叫用户未开通"提示。

用户定位有手工单个输入、手工批量输入和列表选择输入三种方式。

手工单个输入：在"号码输入方式"下拉列表框中选择"手工单个输入"，输入号码即可，此种方式只能定位一个用户。

手工批量输入：在"号码输入方式"下拉列表框中选中"手工批量输入"，输入多个号码，每输入一个用户号码后都要按"Enter"键；也可按照模块号、局号、百号及用户号码的方式定位；还可采取用户号码文件输入的方法批量输入多个号码，对于批量输入的号码还可以进行保存。

列表选择输入：在"号码输入方式"下拉列表框中选中列表选择输入，可进行非手工输入，按照模块号、局号、百号、用户号码的方式定位，如果只选模块号，则该模块上的所有用户会被选中；如果只选模块号和局号，所有满足条件的百号组都会被选中；如果选模块号、局号和百号（不选特定号码），则此百号中的所有号码被选中。

当选定一个用户或者一组用户后，单击"确定"按钮，进入用户属性定义的"属性配置"子页面。

用户定位不仅可以对于普通用户定位，其他类型的用户也可以通过过滤条件来选择。可供选择的过滤条件包括 Centrex 群和其他群、V5 用户和话务台用户等。具体操作与普通用户定位类似。

需要说明的是，对于 V5 的 ISDN 用户的端口业务的定位，需要在"号码输入方式"中选择"列表选择输入"，同时在"用户类别"中选择"ISDN 端口用户"；然后在"过滤条件"中选择"V5 用户"，并在"V5 接口号"中输入该 ISDN 端口所在的 V5 接口号；接着在"模块号"中选择对应的模块号，则在电路索引中会出现 ISDN 的 V5 端口号，选择后单击"确定"按钮即可对其属性进行修改。

（6）用户属性配置

1）单个用户属性配置。定位好单个用户后，即进入"属性配置"的基本属性页面。在属性配置中可以显示该用户的属性。和缺省用户模板一样，"属性配置"也包括"基本属性"、"呼叫权限"、"用户业务配置"和"网路选择业务"4 个页面，选定模板名之后，后续的操作和对用户模板的操作类似。若用户不采用缺省模板，则也可不选择模板名，直接进行相关配置。

对于"基本属性"中的"限制组"功能，ZXJ10（V10.0）交换机规定，每个模块的最大限制呼出号码数为 96 个，配置时不应超出此数目，否则无效。不同用户可以共用被限制的呼出号码。

2）多个用户属性同时配置。如果定位了多个用户，因为多个用户的属性可能并不一致，因此将不显示属性（即使选择的多个用户的属性完全一致，也不会显示用户的属性）。

提示

在进行批量修改用户属性操作时，建议先将后台数据备份，以防止错误的批量修改而导致无法恢复原来的用户属性。

在进行用户属性配置时，对于各个选择框，缺省为灰色，表示不修改，用鼠标单击选择框后，该选择框变成，即选中状态，用鼠标再单击选择框后，该选择框变成，为不选中状态。

3.6

案例检验

3.6.1　数据规划

完成数据规划如表 3-4 所示。

表 3-4　数据规划

数 据 类 型	取　　值
交换机容量	
交换机最大用户数	
交换机呼叫数据区	
交换机信令点编码	
交换机区域编码	
交换机局号	
交换机 DSNI 板数量	
交换机 MPPP 板数量	
交换机 ASIG 板数量	

3.6.2　号码规划

号码规划如表 3-5 所示。

表 3-5　号码规划

名称	局号	百号	用户号	放号号码
位数	1~4 位	2 位	2 位	4 位
举例	6666	00	00~99	66660000
				66660001
				66660002
				66660003

3.6.3　接线规划

完成接线规划如表 3-6 所示。

表 3-6　接线规划

COMM 板槽位	DSNI-S 板槽位	DSNI-C 板槽位	MPC 号
13			

COMM 板槽位	DSNI-S 板槽位	DSNI-C 板槽位	MPC 号
14			
15			
16			
17			
18			
19			
20			
21			
22			
23			
24			

3.6.4 配置检验

1 观察后台告警系统

在告警后台客户端通过四级告警观察配置的单板运行情况，包括对槽位和配置单板数量、单板类型等进行检验，如图 3-46 所示。

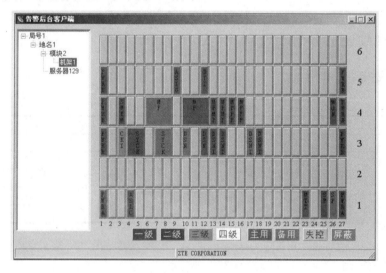

图 3-46　告警后台客户端

2 呼损

通过呼叫检索界面进行呼叫登记，输入检索模块号和检索所有类型，对呼叫发生的状态进行判断。

3　物理验证

用其中一台电话拨叫##，获取主叫电话号码，拨打另外一个放号的号码，看被叫是否振铃，主叫是否听取到正常的回铃音。同时，配合呼损检验是否完成本局正常呼叫。

3.7

拓展与提高

3.7.1　号码修改

在某些特殊情况下，对于已经放号的用户线，可能需要改变其用户号码，或者需要修改某号码对应的用户线。为了满足这一要求，ZXJ10（V10.0）提供了用户线改号和用户号改线功能，此外还提供了一机多号功能。

选择"数据管理"→"基本数据管理"→"号码管理"→"号码修改"菜单，出现如图 3-47 所示的界面。

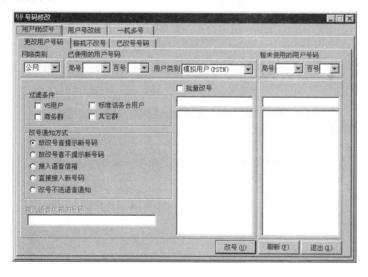

图 3-47　号码修改

3.7.2　用户线改号

在如图 3-47 所示的界面选中"用户线改号"子页面（缺省页面）。该子页面又包含三个子页面，即"更改用户号码"、"移机不改号"和"已改号号码"。

"更改用户号码"子页面如图 3-48 所示。选择网络类别、局号、百号和用户类型后（如有必要，还可指定过滤条件），所有符合条件的已使用和暂未使用的用户号码将列表显示。在左边一栏中选定要改号的用户号码，再在右边一栏中选定新用户号码，选择适当的改号通知方式后，单击"改号"按钮，在弹出的提示框核对号码无误后确定即可。如需接入到局方提供的语音信箱，在"接入语音信箱的号码"框中可输入语音信箱的接入号码，也可以直接在号码编辑框中输入原号码和新号码进行改号。新号码可以是非本局的号码。

图 3-48 更改用户号码

"移机不改号"子页面如图 3-49 所示。在界面的左下角可以选择是移入号码还是移出号码，对于移入号码要在"移机号码"框中输入移入的号码，同时将移入号码对应的新的位置和其关联，单击"确定"按钮即可；对于移出号码直接选择需要移出的号码，对应的"移机号码"框中即显示该号码，单击"确定"按钮即可。

图 3-49 移机不改号

"已改号号码"子页面如图 3-50 所示，其中显示了改号通知方式是"改号不送语音通知"以外的所有改号记录。选中一条或多条记录，单击"修改改号方式"按钮，弹出如图 3-51 所示的快捷菜单，选择适当通知方式后，单击"确定"按钮即可修改。对于不再需要改号通知的号码，选中后单击"清除改号标志"按钮即可，原号码将被重新放入可供使用的号码资源中。

图 3-50　已改号号码　　　　　图 3-51　修改改号通知方式

3.7.3　用户号改线

在如图 3-48 所示的界面选中"用户号改线"子页面。该子页面又包含两个子页面，即"已分配的用户号码"和"已分配的用户线"。

"已分配的用户号码"子页面如图 3-52 所示，选择正确的用户类别，找出需改线的用户，再选中新的用户线，单击"改线"按钮确定即可。

也可选择"已分配的用户线"子页面进行用户号改线，具体操作与上述方法类似。

图 3-52　用户号改线

3.7.4　一机多号

在如图 3-53 所示的界面选中"一机多号"子页面，如图 3-53 所示。

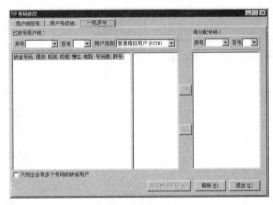

图 3-53　一机多号

选取正确的用户类别以及局号和百号，相应号码会在列表中显示出来。如果只需显示具有多个号码的用户，则选中"只列出含有多个号码的缺省用户"选项。在"已放号用户线"框中选中某一缺省号码，再在待分配号码中选取一个或多个号码，单击"<<"按钮并确定后即可完成放号。对于某一缺省号码已有多用户号码，可选中后单击">>"按钮删除。对于已经分配了多用户号码的用户线，可以更改其缺省号码。选中新的缺省号码，单击"指定缺省号码"按钮，在弹出的提示对话框中确定后即可完成更改。这里所指的缺省号码是指话机上拨"＃＃"所得到的用户线号码，非缺省号码是指分配给某用户线除缺省号码以外的多用户号码。

3.7.5　模块属性

在如图 3-54 所示的"物理配置"界面中有"模块属性"按钮，单击该按钮可进入"模块属性"界面。

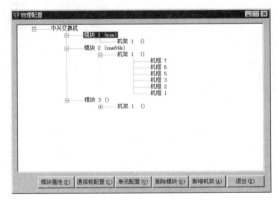

图 3-54　物理配置界面

1　"模块属性"界面

"模块属性"界面随着模块类型的不同而不同。对于消息交换模块，不仅能查看和修改模块名称，还能调整测试线，如图 3-55 所示。

图 3-55　模块属性——消息交换模块

对于 8k→32k→64k 交换网络模块，可以调整 HW 时延、测试线调整、修改模块名称、改变组网连接关系，如图 3-56 所示。此外，对于 32k→64k 交换网络模块还可进行 64k→32k 的相互转换，如图 3-56 所示。

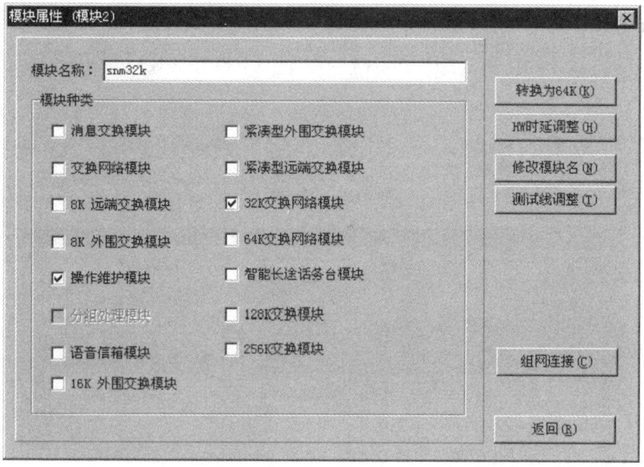

图 3-56　模块属性——32k 交换网络模块

对于外围→远端→紧凑型外围→紧凑型远端交换模块，可以进行近远端转换、调整 HW 时延、修改模块名称、改变组网连接关系、测试线调整。界面同交换网络模块，但多了近远端转换按钮，如图 3-57 所示。

图 3-57　模块属性——8k 外围交换模块

2　HW 时延调整

在某些模块属性界面中，单击"HW 时延调整"按钮，即进入"HW 线时延调整"界面。根据实际情况进行 HW 线的时延调整。通常情况下无须进行 HW 时延调整，当 HW 线较长（超过 6m）时需要进行调整。

3　组网连接

ZXJ10（V10.0）交换机构成的交换局可由多个模块组成。模块间的有机连接构成交换机的模块间组网连接关系。

在进行模块组网之前必须先配置好 MPMP 通信板（具体过程可参见机架、机框配置及通信板配置），然后再根据不同的接口类型（FBI、ODT、DT 或 SDH）进行相应的配置。

选中欲改变组网关系的模块，单击鼠标右键并选中"属性"命令或直接单击"模块属性"按钮，然后单击"组网连接"按钮，进入如图 3-58 所示的界面。

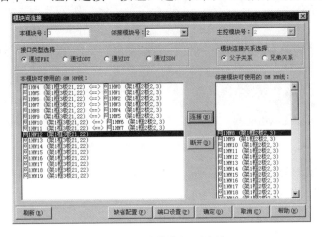

图 3-58　多模块组网连接

首先选择本模块号和邻接模块号，然后指定接口类型和模块连接关系，则本模块和邻接模块可用 HW 或 PCM 端口列表显示出来。在 HW 或 PCM 连接完成后，需要进行端口设置，在如图 3-58 所示界面单击"端口设置"按钮进入端口设置界面，如图 3-59 所示。

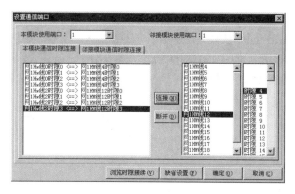

图 3-59　设置通信端口

首先选择"本模块使用端口"和"邻接模块使用端口"号，然后分别在"本模块通信时隙连接"和"邻接模块通信时隙连接"页面进行通信时隙的连接。分别选中左右两个窗口中对应的时隙，然后通过"连接"和"断开"按钮进行调整。

4　特殊单元配置

ZXJ10 交换机的远端用户单元有三种形式，即普通的 960 机架、19 英寸 480 机架和 A 型机远端用户单元。在配置 B 型机远端用户单元时，要根据实际情况选择机架类型。下面分别对其进行介绍。

（1）960 机架远端用户单元

对于普通 960 机架远端用户单元，其和母局的组网方式可以采用 DT、ODT、单板 SDH 或内置框式 SDH 的方式，各种情况下的配置如下。

1）DT 方式。在母局配置一个 DT 单元，其子单元配置时选择初始化为"B 型远端用户单元"。添加远端用户单元机架，机架号大于或等于"11"，机架类型为"普通机架"；添加机框，其中需添加 ST_ZXJ10B_BRSU 传输机框，并添加远端数字中继板。在物理配置的子单元配置中增加所添加的 24 路用户单元，同时将属于该远端用户单元的 ST_ZXJ10B_BRSU 传输机框一起加入，在 HW 线配置中选择"通过 DT 接入"；其他 PORT 口配置等按实际情况配置即可。

2）采用 ODT 方式。首先在母局配置一个 ODT 单元，其子单元无需配置。在配置 HW 时需要注意，用于连接普通 960 机架远端用户单元时只能配置 1 条或 2 条 8Mbit/s HW；否则，在后面增加 24 路用户单元时，HW 选择看不到 ODT 所配置的 HW 线。添加远端用户单元机架，机架号大于或等于"11"，机架类型为"普通机架"；添加机框，同时要添加 ST_ZXJ10B_BRSU 传输机框，并添加远端光中继板。在物理配置的子单元配置中增加所添加的 24 路用户单元，同时将属于该远端用户单元的 ST_ZXJ10B_BRSU

传输机框一起加入，在 HW 线配置中选择"通过 ODT"接入；其他 PORT 口配置等按实际情况配置即可。

3）采用单板 SDH 方式。首先在母局配置单板 SDH 单元，在子单元配置时根据实际情况设置对应 PCM 初始化为远端用户单元（用于连接普通 960 机架远端用户单元）。添加远端用户单元机架，机架号大于或等于"11"，机架类型为"普通机架"；添加机框，同时要添加 ST_ZXJ10B_BRSU 传输机框，并在远端 ODT 板的位置添加远端单板 SDH 板。在物理配置的子单元配置中增加所添加的 24 路用户单元，同时将属于该远端用户单元的 ST_ZXJ10B_BRSU 传输机框一起加入，在 HW 线配置中选择"通过 SDH"接入；其他 PORT 口配置等按实际情况配置即可。

4）采用框式 SDH 方式。首先在母局增加全交叉 SDH 框 ST_ZXJ10B_NEW_SDH，配置全交叉 SDH 单元，在子单元配置时根据实际情况设置对应 PCM 初始化为远端用户单元（用于连接普通 960 机架远端用户单元）。添加远端用户单元机架，机架号大于或等于"11"，机架类型为"普通机架"；添加机框，同时要添加 ST_ZXJ10B_BRSU 传输机框，并配置 SDH 相关单板。

在物理配置的子单元配置中增加所添加的 24 路用户单元，同时将属于该远端用户单元的 ST_ZXJ10B_BRSU 传输机框一起加入，在 HW 线配置中选择"通过 SDH"接入；其他 PORT 口配置等按实际情况配置即可。

（2）19 英寸 480 机架远端用户单元

对于 19 英寸 480 机架远端用户单元，其和母局的组网方式同样可以采用 DT、ODT、单板 SDH 或内置框式 SDH 的方式，各种情况下的配置如下。

1）采用 DT 方式。首先在母局配置一个 DT 单元，其子单元配置时选择初始化为"B 型远端用户单元"。添加远端用户单元机架，机架号大于或等于"11"，机架类型为"19 英寸远端用户机架"；添加机框，在用户框 ST_ZXJ10B_SLC_480 中添加远端数字中继板。在物理配置的子单元配置中增加所添加的 24 路用户单元，在 HW 线配置中选择"通过 DT"接入；其他 PORT 口配置等按实际情况配置即可。

2）采用 ODT 方式。首先在母局配置一个 ODT 单元，其子单元无需配置。在配置 HW 时可以将 4 条 8Mbit/s HW 全部配置。添加远端用户单元机架，机架号大于或等于"11"，机架类型为"19 英寸远端用户机架"；添加机框，在用户框 ST_ZXJ10B_SLC_480 的远端数字中继板槽位添加远端光中继板。在物理配置的子单元配置中增加所添加的 24 路用户单元，在 HW 线配置中选择"通过 ODT"接入；其他 PORT 口配置等按实际情况配置即可。

3）采用单板 SDH 方式。首先在母局配置单板 SDH 单元，在子单元配置时根据实际情况设置对应 PCM 初始化为远端集成单元（用于连接 480 机架远端集成用户单元）。添加远端用户单元机架，机架号大于或等于"11"，机架类型为"19 英寸远端用户机架"；添加机框，在用户框 ST_ZXJ10B_SLC_480 的远端数字中继板槽位添加单板 SDH 板。在物理配置的子单元配置中增加添加的 24 路用户单元，在 HW 线配置中选择"通过 SDH"接入；其他 PORT 口配置等按实际情况配置即可。

4）采用框式 SDH 方式。首先在母局增加全交叉 SDH 框 ST_ZXJ10B_NEW_SDH，配置全交叉 SDH 单元，在子单元配置时根据实际情况设置对应 PCM 初始化为远端集成单元（用于连接 480 机架远端集成用户单元）。添加远端用户单元机架，机架号大于或等于"11"，机架类型为"19 英寸远端用户机架"；添加机框，同时要添加 ST_ZXJ10B_SDH_480 传输机框，并配置 SDH 相关单板。在物理配置中增加全交叉 SDH 传输单元，所需添加的单元为位于远端集成用户单元上的 ST_ZXJ10B_SDH_480 传输机框，在配置 HW 线时，选择"通过 ENET"→"EDT"接入方式，这样可以看到母局的 SDH 单元对应的 PCM 系统，根据实际情况进行 PCM 线的一一连接。在物理配置的子单元配置中增加所添加的 24 路用户单元，在 HW 线配置中选择"通过 SDH"接入，然后选择母局 ST_ZXJ10B_NEW_SDH 单元对应的 PCM 系统；其他 PORT 口配置等按实际情况配置即可。

（3）A 型机远端用户单元

A 型机远端用户单元可以通过 DT 方式直接接入 B 型模块，其配置方式如下。

在母局配置用于连接的 DT 板，其子单元初始化为"A 型机远端用户单元"。添加远端用户单元机架，机架号大于或等于"11"，机架类型为"A 型机远端用户单元"；添加"远端用户单元层"，并插入相应单板，注意要增加"A 远端 DT"板。在单元配置中增加"PP 单元"，根据实际情况配置 HW 线，注意一个 PP 单元只能配置一条 2Mbit/s PCM，其他（如通信端口等）采用缺省配置即可。

（4）远端控制、会议接入用户管理

远端控制用户业务允许本局某用户，在非本局的远端其他话机上，通过拨远端控制接入码的方式控制其位于本局的话机用户的呼叫前转、呼出限制、指定目的码限制及接续等功能。

会议接入用户业务是用于设置受话方式的会议电话的接入号码。这种受话方式的会议电话的功能是用户需预先登记该方式的会议，可以采用维护台登记的方法，也可由用户自行登记，自行登记时用户拨入在该处设置的会议接入用户码，然后可根据语音提示设置会议的时间、与会人员数、预定会议时长、与会各方的电话号码以及会议密码。

图 3-60 所示的流程描述了受话会议电话的过程。所有会议成员拨打会议接入码，当呼叫成功时，会听到语音提示，要求用户输入他将要参加的会议组号，当此组号存在时，会提示他再输入自己的密码。系统会再次提示用户输入他的时长，当会议进行到此时长时，用户没有关机，而且会议没有结束时，系统会提示用户是否需要继续进行下去。当用户输入错误时，将不可以加入到会议当中。会议的成员和开会的时间，以及会议的时长都可以通过数据来控制。

单击"远端控制&会议接入用户管理"按钮，弹出如图 3-61 所示的界面。从未分配的号码中选取号码后，单击"设置远端控制用户"按钮即可进行设置；对于已经存在的远端控制用户，可以选中后单击"撤销远端控制用户"按钮进行撤销。

当选择"设置会议接入码"时，界面如图 3-62 所示。在该界面中可以进行会议接入用户的设置和撤销。

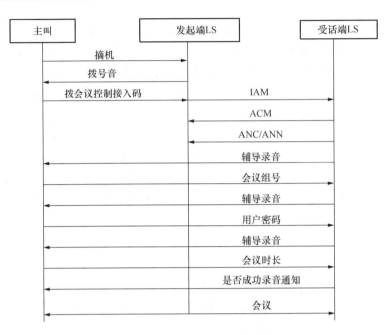

图 3-60　受话方式会议流程图

图 3-61　远端控制&会议接入用户管理

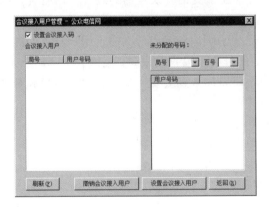

图 3-62　设置会议接入码

（5）简便操作

简便操作主要用于少量零星号码的操作。单击"简便操作"按钮，弹出如图 3-63 所示的界面，可以进行放号和删号操作。

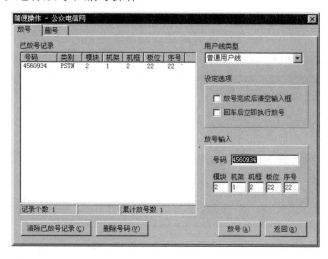

图 3-63 简便放号

执行放号操作时，首先选择正确的用户线类型，然后直接输入待分配的号码和用户电路号，单击"放号"按钮完成放号操作，同时增加一条已放号记录。如果输入的号码或电路号已使用或不存在，则此次放号不能完成。"放号完成后清空输入框"选项用于完成放号后清除输入内容，如不选中则放号后输入内容不变。选中"回车后立即执行放号"选项时，输入完所有内容后按"Enter"键即可执行放号；不选中时，输入一项内容后按"Enter"键可使光标跳到下一输入项。如果发现放号有错误，则可先在已放号记录中选中相应记录，单击"删除号码"按钮删除出错号码；单击"清除已放号记录"按钮可把已放号记录清空。

执行删号操作时，输入待删除的号码，单击"删号"按钮，会给出警告提示，如图 3-64 所示。单击"确定"按钮完成删号操作，同时增加一条已删号记录；单击"取消"按钮撤销删号操作。如果输入的号码不存在，则此次删号操作不能完成。"删号完成后清空输入框"选项用于完成删号后清除输入内容，如不选中则删号后输入内容不变。选中"删号时不弹出确认提示"选项时，单击"删号"按钮后不给出告警提示。如果发现删号有错误，可先在已删号记录中选中相应记录，单击"恢复号码"按钮恢复出错号码；单击"清除已删号记录"按钮可把已删号记录清空。

（6）文件操作

此操作提供根据自行编辑的文件进行放号、删号的功能。文件操作界面如图 3-65 所示。

当选中"放号"时，可以选中"显示文本格式"复选框，使用图中所示编辑框编辑放号内容，然后保存为*.num 文件；也可以使用任何文本文件编辑工具生成，再保存为*.num 文件。放号内容的格式为每行一条号码记录，按照"用户号码"、"模块号"、"机架号"、"机框号"、"槽位号"、"电路序号"的顺序填写，中间用空格分开。单击"打开"按钮调出已经编辑完成的放号文件，检查无误后单击"执行"按钮，在弹出的提示界面确认后即可放号并给出放号结果。选中"记录故障写入.Log 文件"复选框时，放号过程中的出错信息写入与放号文件同名的.Log 文件（该文件在 ZXJ10 目录下）；选中"遇故障弹出提示框"复选框时，会在执行每条错误放号任务后弹出对话框；否则，只记录入界面左下方的记录框和.Log 文件中而不提示。

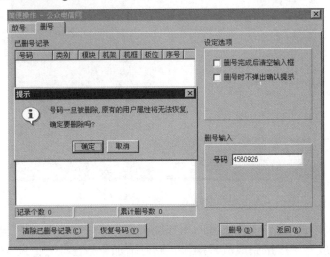

图 3-64　简便删号提示

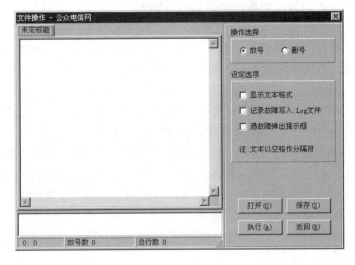

图 3-65　文件操作

当选中"删号"时，在编辑框中输入删除号码后保存为*.num 文件。单击"打开"按钮调出已经编辑完成的删号文件，检查无误后单击"执行"按钮，在弹出的提示界面确认后即可删号并给出删号结果。

单 元 小 结

本单元主要在单元 2 介绍 ZXJ10 程控交换机的基础上，以 8k PSM 为基础，配置局数据。ZXJ10（V10.0）交换机的局数据包括局容量数据、交换局数据、交换机物理配置数据、局码数据、号码分析数据几个大步骤。这几个大步骤数据配置完成后，通过后台将数据传送到前台，即可实现本局电话的接续。本单元数据的配置以教师演示配置为基础，结合理论知识的学习理解，关键是通过上机的实际操作演练，达到熟练应用的水平。

本单元是学习的重点。学习中结合实物，观察和理解单板配置、硬件连线等内容，学习原则以操作为主。下面，分条进行提示性总结。

整个数据的配置如同建造一座楼房。局容量数据配置如同事先规划楼房的位置、层数、楼房的名称、楼房的用途、邻接楼房的情况等，是简单的说明性配置。

接下来是交换机物理配置数据，如同开始建造实际建筑。配置按照配置模块→机柜→机框→单板的步骤进行。这个过程必须和实际交换机的单板配置情况一致；否则，数据传到前台后，硬件和软件不统一，则接续就会失败。当这个框架搭建好以后，接下来的工作就是分单元对这些单板进行端口、HW 号等的设置，这如同楼房大框架建好后进行功能单元划分。

局码数据的配置主要是对用户板承载的用户分配号码，如同楼房修建好以后，用户进行入住。所配置的号码数目按照每块用户板 24 路电话的原则进行，号码分为局号和用户号码。号码流最少 5 位（1+4），最多 8 位（4+4）。

交换机的一个重要功能就是网络寻址，电话网中用户的网络地址就是电话号码。号码分析主要用来确定某个号码流对应的网络地址和业务处理方式。号码分析应主要注意三个方面：一是增加分析器；二是增加号码分析选择子，并将号码分析选择子和分析器进行关联；三是分析号码，对局号进行分析。

最后是对用户属性进行定义，这一步骤可分解成两步进行，先建立一个用户属性模板，再把所放的号码定义在模板中。这样相当于对拨打的号码赋予了模板规定的含义，如果用户属性没有定义，则拨打电话时听到忙音。通过呼叫与检索发现是提示主叫用户未开通。

学习者也可以对这部分内容进行归纳与总结。

思考与练习

1．简述前后台出现无法通信的可能原因及相应的处理方法。

2．在物理配置时，哪些单板必须要配置？哪些单板根据所需功能配置？

3．当一数据传到前台以后，拨打电话发现通话失败，通过后台呼叫与检索发现号码分析是空号。请问：可能是哪些地方存在问题？

4．一数据配置完毕，传到前台后，拨打电话发现电话没有声音。请问可能是什么地方出现问题？怎样解决？

5．如果用户摘机听忙音，请分析对应的原因可能有哪些？

6．有一数据，当开始进行放号配置时发现不成功。请问可能是什么原因？

7．当一数据传到前台以后摘机拨号，切不断拨号音。请问可能是什么原因？

8．一数据在物理配置中看不到组网模块所使用的通信端口。请问可能是什么原因？

9．有一数据在配置单板时，忘了配置 MTT 板。请问可能会出现什么问题？

单元4

No.7 信令自环配置

本单元基于本局物理配置和本局数据配置进行出局的物理配置和数据配置。出局要实现交换局 A 和交换局 B 的物理连接。连接交换机称为中继。物理连接只是提供了交换机相互连接的载体，在不同交换局的交换机相互连接过程中，为了保证交换机之间的协调工作和话音信号的接续和正常传递，在中继连接线上除了传递话音信号以外，还要传递控制信息。这些控制信息按照一定的规范制定，称为信令。物理中继线上既要传递话音又要传递信令，目前常用的是 No.7 信令。

教学目标

理论教学目标

1. 熟悉 PCM30/32 的结构;
2. 了解中继的相关概念;
3. 掌握 No.7 信令的功能和结构;
4. 掌握信令网的功能和结构;
5. 掌握信令的格式;
6. 掌握中继关系树的原理和配置方法;
7. 理解出局号码分析的原理与方法。

技能培养目标

1. 能够根据具体情况进行容量规划;
2. 能够完成特定交换机的 No.7 信令自环配置;
3. 能够完成特定交换机的 No.7 链路对接配置;
4. 能够进行中继电路的分配;
5. 能够熟练进行数据上传;
6. 能够熟练进行电话终端拨打实验;
7. 能够应用相关工具进行软硬件及数据故障排查;
8. 能够使用 No.7 信令跟踪和调试工具;
9. 具备阅读技术资料的能力。

4.1
ZXJ10 中继概述

前面,我们把交换机比喻成人,DTI 单板则像是人的手。通过 DTI 板的中继接口连接两个交换机,就像是两个交换机"手拉手",如图 4-1 所示。要实现交换机 A 的用户(SPA)与交换机 B 的用户(SPB)通信,则需要在两个交换机之间建立 SPA→DSNI-S→DSN→DSNI-S→DTI→DTI→DSNI-S→DSN→DSNI-S→SPB 的通信流程。其中,DTI 与 DTI 之间的流程建立和中继连接是出局通信的重点。为了方便中继管理,中兴通讯将 ZXJ10 的中继接口提供的时隙进行有层次的划分。

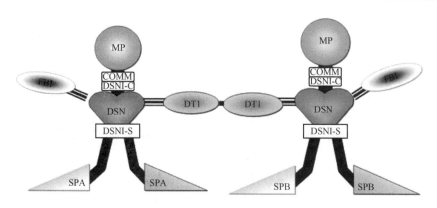

图 4-1　ZXJ10 中继连接示意图

1　中继接口

交换机与其他交换机间连接的接口称为中继，用于完成局间的信令过程和话路接续。ZXJ10 数字程控交换机的中继接口是由数字中继单板 DTI 提供的。一块 DTI 单板具有 4 个 PCM 子单元，能提供 4 个 2Mbit/s 的 E1 接口用于连接其他交换机。一个 2Mbit/s 的 E1 接口具有 32 个时隙。中继接口的时隙是话音和信令传递的基本单元。

2　中继电路

中继电路是一个处理话路信号和信令信号的独立单元。对数字中继而言，即是一个 64kbit/s 的时隙。

3　中继组

中继组又称为中继电路组，是 ZXJ10 交换机的一个交换模块和邻接交换局之间的具有相同电路属性（信道传输特性、局间电路选择等）约定的一组电路的集合。一个交换模块内的中继组统一编号，数量可以达到 255 个。中继组号用于标识不同的中继组的编号。

如图 4-2 所示为中继组示意图。

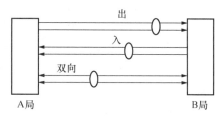

图 4-2　中继组示意图

4　出局路由

出局路由是两个局间建立一个呼叫所经过的一条途径（即中继组）。路由编号用于标识不同的路由，每个路由对应一个中继组。但是这里要注意，一个中继组可以对应多个路由。

5　出局路由组

出局路由组是至某局的所有路由的集合，路由组号用于不同的路由组的编号。一个路由组由至少一个、最多 12 个路由组成。一个路由组的各个路由之间的话务实行负荷分担。路由组选择路由为轮选规则。

6 路由链

一个出局路由链由至少一个、最多 12 个出局路由组组成。一个出局路由链中的路由组可以重复。根据出局路由链选择出局路由组可采用优选方式。路由链号是标识不同的路由链的编号。

所谓优选，是指按优先次序进行选择。例如，首先考虑选择 1，如果不成功（1 出现故障，或者 1 已经全部被占用，话务量满）再选择 2，等等。

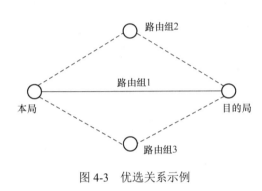

图 4-3　优选关系示例

如图 4-3 所示，从本局到目的局共有三个出局路由组，即路由组 1、路由组 2 以及路由组 3。现有一个出局路由链 1 和一个出局路由链 2。其中，出局路由链 1 是由路由组 1、路由组 2、路由组 3 依次组成；出局路由链 2 由路由组 1、路由组 3、路由组 2 依次组成。因为 ZXJ10 交换机根据出局路由链选择出局路由组是采用优选方式，所以根据优选的含义，不难推断出采用路由链 1 和采用路由链 2 时是分别如何选择出局路由的。

7 出局路由链组

一个目的码出局的所有路径用出局路由链组标识，一个路由链组对应一个目的局。每个出局路由链组最多可设置 20 个出局路由链，通常设置一个即可。一个出局路由链组中的出局路由链可以重复。出局路由链组选择出局路由链通常采用轮选方式。

所谓轮选，是指按事先规定的规则依次进行选择，而不管前一次选择成功与否。例如表 4-1 所示的轮选规则表示第一次和第四次选 1，第二次和第五次选 2，第三次和第六次选 1，等等。

在表 4-1 中，选择方式和序号为一一对应的固定关系，选择的通路可根据需要灵活定义。交换机在进行路由选择时，可以采取轮选的方式完成话务负荷的按比例分担功能，例如按照表 4-1 所示的轮选规则，通路 1 走 67% 的话务量，通路 2 走 33% 的话务量。

表 4-1　轮选规则示例

序号	选择的通路	选择方式		
一	1	第一次	第四次	……
二	2	第二次	第五次	……
三	1	第三次	第六次	……

路由链组、路由链、路由组、路由、中继组的关系如图 4-4 所示。

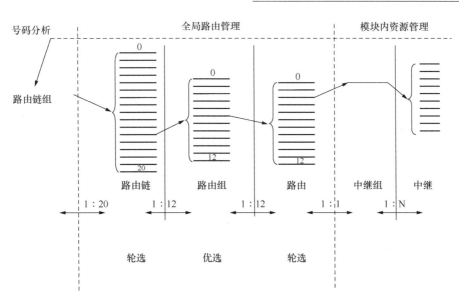

图 4-4　路由链组、路由链、路由组、路由、中继组的关系

对于一个出局呼叫，用户拨打出局电话号码，根据被叫号码的号码分析，得出被叫号码所关联的出局路由链组，然后按照路由链、路由组、路由、中继组依次进行选择，在中继组中选择一个空闲的时隙（中继电路）将话音传递出去。

知识窗

从中继电路到路由链路组之间建立的中继关系树是建立出局信息的通路。路由链组是关系树与号码分析的衔接点，通过号码分析找到路由链组，进而依次找到中继电路。因此在数据配置时，路由链组号一定要和号码分析时一致。

4.2

信令概述

通信网中的各种设备需要协调动作，因此各设备之间必须相互交流它们之间的监视和控制信息，以说明各自的运行情况，从而提出对相关设备的接续要求，使设备之间协调运行。这种在交换设备之间相互交换的"信息"称为信令，而信令必须遵守一定的协议和规约。这些协议和规约称为信令协议。

以前的人工接线交换机是通过接线员手动接线等操作完成两个电话机之间的呼叫连接；而现在的程控交换机通过信令信息的交换和控制完成电话机之间的呼叫连接，代替了人工接线员。

1 信令类型

（1）信令按照工作区域分类

信令按照工作区域分类，可分为用户线信令和局间信令两种。

如图 4-5 所示，用户线信令主要是用户话机和交换机之间传送的信令；局间信令主要是不同局交换设备之间传送的信令。

图 4-5　局间信令和用户线信令

（2）局间信令按照传输方式分类

按照传输方式局间信令主要分为随路信令（CAS）和共路信令（CCS）。

随路信令主要是信令信息在对应的话音通道上传送，或者在与话音通道对应的固定通道上传送。No.1 信令（中国一号信令协议）就是随路信令，如图 4-6 所示。

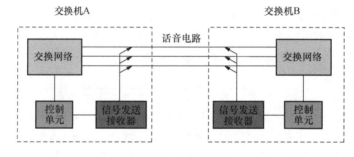

图 4-6　随路信令

共路信令将传送信令的通路与传送话音的通路分开，即把各电话接续过程中的信令信息集中在专门的高速数据通道上传送，如 64kbit/s 的数字通道。No.7 信令（中国 7 号信令协议）就是共路信令，如图 4-7 所示。

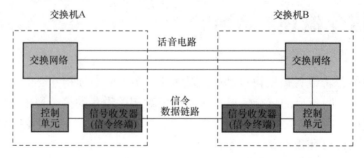

图 4-7　共路信令

（3）用户线信令按照功能分类

用户线信令按照功能分类，可分为监视信令和地址信令。

　　监视信令是反映用户话机的摘、挂机状态的信令。用户话机的摘、挂机状态是通过用户线直流环路的通、断来表示的。一般交换机对用户话机的直流馈电电流规定为18～50 mA。在用户线上馈送的电流从无到有，即为摘机信号；从有到无，即为挂机信号。

　　地址信令是用户话机向交换机送出的被叫号码信息。DTMF（双音多频）信令是典型的地址信令。用户话机采取双音频拨号方式，则按每个按钮时，话机送出的是双音频信号，且双音频信号的不同组合代表不同的数字。如图4-8所示为DTMF双音多频信令。

频率(Hz)	H1(1203)	H2(1336)	H3(1477)	H4(备用)
L1(697)	1	2	3	13
L2(770)	4	5	6	14
L3(852)	7	8	9	15
L4(941)	11(*)	0	12(#)	16

图4-8　DTMF双音多频信令

（4）按信令传送的方向分类

按信令传送的方向分类，信令可分为前向信令和后向信令。

前向信令是由主叫侧向被叫侧传送的信令。

后向信令是由被叫侧向主叫侧传送的信令。

2　铃流和信号音

　　铃流和信号音是交换机向用户发送的信号，如振铃、拨号音、忙音等，用来通知用户接续结果。

　　振铃：25Hz的正弦波，每导通1s后间断4s。

　　拨号音：持续的450Hz正弦波。

　　忙音：450Hz的正弦波，每导通0.35s后间断0.35s。

　　回铃音：450Hz的正弦波，每导通1s后间断4s。

　　长途通知音：采用2.2s不等间隔断续的450Hz正弦波，即0.2s导通，0.2s间断，0.2s导通，0.6s间断。

　　空号音：采用1.4s不等间隔断续的450Hz正弦波，即重复三次0.1s导通、0.1s间断后，0.4s导通，0.4s间断。

　　催挂音：950Hz的连续正弦波，响度分为5级，由最低级逐步升高，发送电平为0～25dBm。

　　特别要注意的是，现在一些交换系统中，许多信号音已由语音播放系统替代。

提示

　　信令就如同交通指挥的警察，在其协调下保证交通的畅通，信令就是信息传输中的交通警察，保障信息可靠、有效、有序地进行传输。

4.3

No.7 信令功能结构

第一个公共信道信令是 No.6 信令系统，于 1968 年由国际电信联盟（ITU-T）下属的国际电报电话咨询委员会（CCITT）提出。由于其不能很好地适应未来通信网发展的需要，目前已很少使用。1973 年 CCITT 开始了对 No.7 信令系统的研究，1980 年通过了 No.7 信令系统技术规程（黄皮书），并经过 1984 年（红皮书）、1988 年（蓝皮书）和 1992 年（白皮书）的修订和补充，No.7 信令系统得到了进一步的完善。

No.7 信令方式采用分组交换原理，将交换机之间的信令表示成消息的形式，把每一个信令消息都作为一个分组（消息信号单元）在信令点之间传送。为保证传送的可靠性，分组中除包含消息本身外，还包括传送控制字段和检错校验字段。

No.7 信令可以用于电话网、ISDN 网、电路交换数据网、移动通信网络、智能网、网络的操作维护等管理功能。

1 No.7 信令特点

No.7 信令的特点如下：

1）速度快。信息可在处理器间交换，远比使用随路信令时快，从而使呼叫建立时间大为缩短。

2）信号容量大。一次可传送的信令消息最大长度为 272 字节。不但可以传送中继电路接续信令，还可以传送各种与链路无关的管理、维护、信息查询等消息，而且任何消息都可以在业务通信过程中传送。

3）信令网与通信网分离，便于运行维护和管理。

4）便于扩充新的信令规范。各业务部分独立，适应未来信息技术和各种未知业务发展的需要。

2 No.7 信令系统功能结构

No.7 信令系统包括一个消息传递部分（MTP）和几个平行的用户部分（UP），共四级功能。其中，MTP 的主要功能是作为一个传递系统保证信令信息在 UP 之间可靠的传递；UP 是一个功能实体，产生各种网络需要的信令信息，包括 TUP、ISUP、INAP、MAP 等。No.7 信令的功能结构如图 4-9 所示。

> **知识窗**
>
> No.7 信令的功能结构重点在于消息传递部分，此功能机构的 7 层可对应 OSI 模型的 7 层来学习，其中 MTP1、MTP2、MTP3 分别相当于 OSI 模型的物理层、数据链路层和网络层。

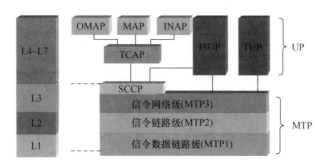

图 4-9　No.7 信令的功能结构

No.7 信令系统按照规程可以划分为消息传递部分（MTP）、电话用户部分（TUP）、ISDN 用户部分（ISUP）、信令连接控制部分（SCCP）、事务处理能力应用部分（TCAP）、智能网应用部分（INAP）、移动通信应用部分（MAP）和操作维护应用部分（OMAP）等各种功能块。

TUP 部分属于 No.7 第四级功能，主要实现 PSTN 有关电话呼叫建立和释放，同时又支持部分用户补充业务。

ISUP 部分属于 No.7 第四级功能，支持 ISDN 中的话音和非话音业务。

MAP 部分属于 No.7 第四级功能，支持移动通信系统设备。

OMAP 部分属于 No.7 第四级功能，支持网管系统。

INAP 部分属于 No.7 第四级功能，支持智能网业务。

TCAP 部分是位于业务层和 SCCP 之间的中间层，TCAP 用户目前包括了 OMAP、MAP 和 INAP 三大部分，TCAP 具有应用层的规约和功能，不具备 4~6 层的规约和功能。

SCCP 是对 MTP 功能的补充，可向 MTP 提供用于面向连接等功能。另外，SCCP 还可提供 GT 全局寻址功能。

MTP 分成三个功能级，即第一功能级 MTP1（信令数据链路级）、第二功能级 MTP2（信令链路功能）和第三功能级 MTP3（信令网功能）。

MTP1 规定了信令链路的物理特性、电气特性、功能特点和接入方式。信令数据链路是一个双向工作的信令传输通路，包括传输速率相同、方向相反的两个数据通路。目前，我国采用的数字信令数据链路为 PCM 一次群数字通道，数字传输速率为 64kbit/s，可以使用 TS16 或者其他时隙。

MTP2 规定了在信令数据链路上传送信号消息有关的功能和程序。信令链路功能与信令数据链路一起作为一个承载者，在两个直接相连的信令点之间提供可靠的传送信号消息的通路。功能包括信号单元的定位、信号单元的分界、差错检错、差错校正、初始定位、处理机故障、信令链路差错率监视和流量控制。

（1）信号单元的定位定界

No.7 信令采用标志码 F 作为信令单元的分界，它既表示上一个信令单元的结束，又表示下一个信令单元的开始，F 由二进制序列 01111110 组成。接收端根据 F 来确定信令单元的开头和结尾。

（2）差错控制

由于传输信道存在噪声和干扰等，因此信令在传输过程中会出现差错。为保证信令的可靠传输，必须进行差错处理。No.7信令系统通过循环校验方法来检测错误。CK是校验码，长度是16比特。由发送端根据要发送的信令内容，按着一定的算法计算产生校验码。在接收端根据收到的内容和CK值按照同样的算法规则对收到的校验码之前的比特进行运算。如果按算法运算后，发现收到的校验比特运算与预期的不一致，就证明有误。该信号单元即予以舍弃。

（3）差错校正

No.7信令系统利用信令单元的重发来纠正信令单元的错误。差错校正字段包括16比特，它由前向序号（FSN）和后向序号（BSN）以及前向指示语比特（FIB）和后向指示语比特（BIB）组成。在国内电话网中使用了两种差错校正方法，即基本差错校正方法和预防性循环重发方法。基本差错校正方法应用在传输时延小于15ms的传输线路上，而预防性循环重发方法则是用在传输时延等于或大于15ms的传输线路上，如卫星信号链路上就是采用预防性循环重发的方法。

基本差错校正方法是一种非互控的、肯定和否定证实的重发纠错系统。在发送信令单元时，给消息信令单元（MSU）分配新的编号，用FSN表示，并按MSU的发送顺序从0～127编号，当编到127时，再从0开始。发送填充单元FISU不分配新的FSN编号，使用它前面的MSU的FSN号码。每个发送的信息单元都包含BSN表示本端已正确接收的MSU的FSN号。在正常传送顺序中一端信令单元FIB与另一端BIB有相同的编号。在接收端出错的信令单元将被忽略，不进行处理。在发送端发出信号单元后，一直将它保存到从接收端送来一个肯定证实为止，在未收到肯定或否定证实以前一直按顺序发出信号单元，当发端收到收端的肯定证实信号后，就从重发缓冲存储器中清除已被证实过的信号单元。若收端收到某一信号单元有差错时，就向发端发回否定证实信号，发端收到否定证实信号后，就从有差错的信号单元开始按顺序重发各个信号单元。

当传输时延大于15ms，基本差错校正方法的重发机制将使信令通道的信号吞吐量降低，因此改用预防性循环重发方法（PCR方法）。

（4）链路的误差监视

No.7信令使用重发进行差错纠正，但如果信令链路的差错太高，会引起消息信令单元MSU频繁重发，产生长的排队时延，而导致信令系统处理能力下降。为了保证正常工作的信令链路有良好的服务质量，当差错率达到一定门限值时，应判定信令链路故障。

（5）流量控制

当信令链路上的负荷过大时，接收端的MTP2检测出链路拥塞，此时要启动拥塞控制过程，进行流量控制。

MTP3规定在信令点之间传递消息的功能和程序，MTP3包括信令消息处理功能和信令网管理功能两部分。其中，信令消息处理功能的作用是在一条消息实际传递时，引导它到达适当的信令链路或用户部分，这一部分的功能又细分为消息路由、消息鉴别和消息分配三部分；信令网管理功能又细分为信令业务管理功能、信令链路管理功能和信令路由管理功能三部分。

4.4
No.7 信令网络

1 信令网构成

No.7 信令本身的传输和交换设备构成了一个 No.7 信令网，这个信令网是叠加在受控的电路交换网之上的一个专用的计算机分组交换网，信令网中传送着电路交换网的控制信息。信令网是整个电路交换网络的神经系统。

No.7 信令网的基本部件有信令点（Signaling Point，SP）、信令转接点（Signal Transfer Point，STP）和信令链路（Signaling Link，SL）。

（1）信令点

信令点是处理信令消息的节点，产生信令消息的信令点为源信令点，接收信令消息的信令点为目的信令点。

（2）信令转接点

信令转接点是将信令消息从一条信令链路转移到另一信令链路的信令点，既非源点又非目的点，它是信令传送过程中所经过的中间节点。信令转接点分为综合型和独立型两种。综合型 STP 是除了具有 MTP 和 SCCP 的功能外，还具有用户部分（如 TUP、ISUP、TCAP、INAP 等）的信令转接点设备；独立型 STP 是只具有 MTP 和 SCCP 功能的信令转接点设备。

（3）信令链路

信令链路是连接信令点或信令转接点之间信令消息的通道。直接连接两个信令点（含信令转接点）的一束信令链路构成一个信令链路组。

知识窗

信令点是出局数据中非常重要的部分。在配置中，不仅要配置本局信令点，还要配置和本局相连的邻接局的信令点，也就是要配置源信令点 OPC 和目的信令点 DPC。

---

2 信令网工作方式

No.7 信令网的工作方式是指一个信令消息所取的途径与这一消息相关的话音通路的对应关系。No.7 信令网的工作方式共分为四种，如图 4-10 所示。

（1）直联式

两个信令点之间的信令消息，通过直接连接两个信令点的信令链路进行传递，称为直联工作方式。

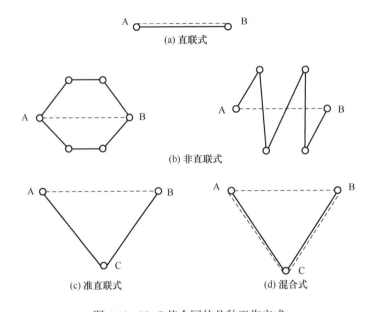

图 4-10　No.7 信令网的几种工作方式

-------- 表示话音电路；　——— 表示信令链路

（2）非直联式

属于某信令关系的消息，根据当前的网络状态经由某几条信令链路传送，称为非直联工作方式。

（3）准直联式

属于某信令关系的消息，经过两个或多个串接的信令链路传送，中间要经过一个或者几个信令转接点，但通过信令网的消息所取的通路在一定时间内是预先确定的和固定的，称为准直联工作方式。准直联式是非直联式的特例。

（4）混合式

直联式和非直联式的结合。

3　信令路由

信令路由是从源信令点到达目的信令点所经过的预先确定的信令消息传送路径。信令路由按其特征和使用方法分为正常路由和迂回路由两类。

（1）正常路由

正常路由是未发生故障情况下的信令业务流的路由。正常路由主要分为以下两类：

1）正常路由是采用直联方式的直达信令路由。当信令网中的一个信令点具有多个信令路由时，如果有直达的信令链路，则应将该信令路由作为正常路由。

2）正常路由是采用准直联方式的信令路由。当信令网中一个信令点的多个信令路由都采用准直联方式经过信令转接点转接的信令路由，则正常路由为信令路由中的最短路由。

（2）迂回路由

因信令链路或路由故障造成正常路由不能传送信令业务流而选择的路由称为迂回

路由。迂回路由都是经过信令转接点转接的准直联方式的路由。迂回路由可以是一个路由，也可以是多个路由。当有多个迂回路由时，应按经过信令转接点的次数，由小到大依次分为第一迂回路由，第二迂回路由，等等。

> **注意**
>
> 在配置数据过程中，正常路由和迂回路由的配置都需要重点注意，选择其中的方式时，不能同时都选中。这就比如要到达一个地方，可以坐车，也可以走路，但是不能同时既坐车又走路。

4.5 我国信令网结构

我国 No.7 信令网由高级信令转接点（HSTP）、低级信令转接点（LSTP）和信令点（SP）三级组成。

第一级 HSTP 采用 A、B 两个平面，平面内各个 HSTP 网状相连，在 A 和 B 平面间成对的 HSTP 相连。第二级 LSTP 至少要分别连至 A、B 平面内成对的 HSTP，每个 SP 至少连至两个 STP（HSTP 或 LSTP）。

如图 4-11 所示为我国信令网结构。

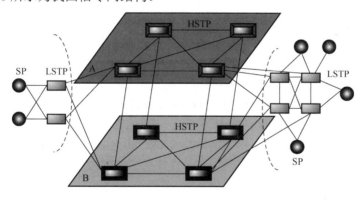

图 4-11　我国信令网络结构

在各直辖市、省和自治区分别设主信令区，一个主信令区一般只设置一对 HSTP。为了保证不致因自然灾害使配对的两个 HSTP 同时瘫痪，在安全可靠的前提下，该两个 HSTP 间应有一定距离。

原则上一个地区或一个地级市为一个分信令区。一个分信令区通常只设置一对 LSTP，一般应设置在地区或地级市邮电局所在城市。为了确保分信令区内信令网的可靠性，两个 LSTP 之间应有一定距离。信令业务量小的地区或地级市可以由几个地区或地级市合并设置为一个分信令区，信令业务较大的县级市或县，也可以单独设置为一个分信令区。

第一级 HSTP 负责转接它所汇接的第二级 LSTP 和第三级 SP 的信令消息。HSTP 应尽量采用独立型的信令转接点设备。它必须具有 No.7 信令系统中消息传递部分的功能,以完成电话网、电路交换的数据网和 ISDN 的电路接续有关的信令消息的传送。

第二级 LSTP 负责转接它所汇接的第三级 SP 的信令消息。LSTP 可以采用独立型的信令转接点设备,也可以采用与交换局(SP)合设在一起的综合型的信令转接点设备。采用独立型信令转接点设备时的要求同 HSTP,采用综合型信令转接点设备时,除了必须满足独立型信令转接点的功能外,SP 部分还应满足 TUP 的全部功能。

第三级 SP 是信令网传送各种信令消息的源点或目的地点,它应满足部分 MTP 功能以及相应的 UP 功能。

4.6 信令点编码

CCITT 在 Q.708 建议中规定了国际信令网信令点的编码计划,如表 4-2 所示。国际信令网的信令点编码位长为 14 位二进制数,采用三级的编码结构。

表 4-2　国际信令网的信令点编码

NML	KJIHGFED	CBA
大区识别	区域网识别	信令点识别
信令区域网编码(SANC)		
国际信令点编码(ISPC)		

NML 用于识别世界编号大区,K～D 八位码识别世界编号大区内的区域网,CBA 三位码识别区域网内的信令点。NML 和 K～D 两部分合起来称为信令区域网编码(SANC),每个国家应至少占用一个 SANC。SANC 用 Z-UUU 的十进制数表示,即十进制数 Z 相当于 NML 比特,UUU 相当于 K～D 比特。我国被分配在第四号大区,大区编码为 4,区域编码为 120,所以中国的 SANC 编码为 4-120。

我国国内信令网采用 24 位二进制数的全国统一编码方案,每个信令点编码由三部分组成,每部分占 8 位二进制数,高 8 位为主信令区编码,原则上以省、自治区、直辖市为单位编排;中间 8 位为分信令区编码,原则上以各省、自治区的地区、地级市及直辖市的汇接区和郊县为单位编排;最低 8 位用来区分信令点。我国国内网信令点编码格式如表 4-3 所示。

表 4-3　我国国内网信令点编码格式

8 位	8 位	8 位
主信令区识别	分信令区识别	信令点识别

在数据配置时，需要配置信令点编码。通常需要配置本局信令点编码和邻接局的信令点编码。配置过程中信令点编码的三部分都用十进制数来配置，而不是用 8 位二进制来配置。

4.7 No.7 信令在 ZXJ10 上的实现

No.7 信令在 ZXJ10 上的实现如图 4-12 所示。

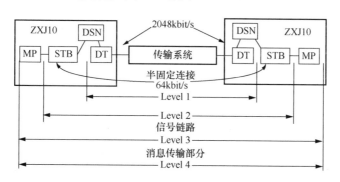

图 4-12　No.7 信令在 ZXJ10 上的实现

在 ZXJ10 交换机中，就电话用户部分 TUP 而言，MP 单板实现 TUP 和 MTP3 的功能，STB 单板实现 MTP2 的功能，DTI 单板实现 MTP1 的功能。

TUP 信令产生过程：MP→STB→(DSNI-C)→DSN→(DSNI-S)→DTI→对方 DTI。

TUP 信令接收过程：DTI→(DSNI-S)→DSN→(DSNI-C)→STB→MP。

TUP 部分有关电话呼叫建立和释放的信令信息在 MP 中产生，就像是写好了的"书信"的内容；然后在 MP 中给信令信息添加上 OPC 和 DPC，使信令在两个信令点之间传递，完成 MTP3 层的网络寻址功能，就像是给"书信"添加上写信人和收信人的地址；再送到 STB 中，添加纠错检错、信号单元的定位并进行信号单元定位等功能，形成完成的信令，就像是给"书信"粘上"鸡毛"变成"鸡毛信"告诉人"书信"非常紧急重要，要安全传递；最后通过 DTI 板的 64kbit/s 的时隙传递出去，就像把"鸡毛信"送给信息传递员。

4.8

No.7 信令的信令消息结构

1 信号单元基本格式

No.7 信令方式采用可变长度的信号单元传送各种消息，它有 3 种信号单元格式，即消息信号单元（Message Signal Unit，MSU）、链路状态信号单元（Link Status Signal Unit，LSSU）和填充信号单元（Fill-In Signal Unit，FISU），如图 4-13 所示。

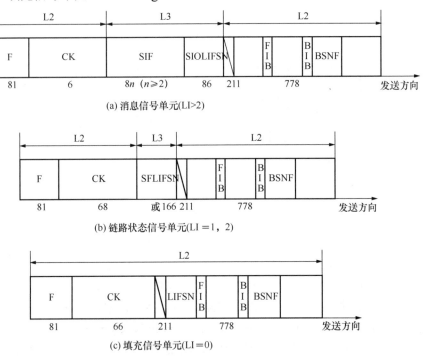

图 4-13 No.7 信令信号单元

每个信号单元都包含有标志码（F）、后向序号（BSN）、后向表示语（BIB）、前向序号（FSN）、前向表示语（FIB）、长度表示语（LI）、校验位（CK），这些字段用于消息传递的控制。其中：F 由 8 比特表示，码型固定为 01111110，它指示信号单元的起点，且一个信号单元的开始标记码往往是前一信号单元的结尾标记码。FSN 是信号单元的序号，BSN 是被证实的信号单元的序号。FSN 和 BSN 为二进制码表示的数，长度为 7 比特，循环顺序为 0～127。FIB 和 BIB 连同 FSN 和 BSN 一起用于基本误差控制方法中，FIB 和 BIB 的长度为 1 比特，以完成信号单元的顺序号控制和证实功能。LI 由 6 比特表示，其范围为 0～63，根据 LI 的取值，可区分三种不同形式的信号单元：LI=0 为填充信号单元；LI=1 或 2 为链路状态单元；LI>2 为消息信号单元。当消息信号单元中的信号信息字段（SIF）大于 62 个 8 位位组时，LI 取值为 63。每个信号单元具有用于误差检测的 16 比特校验码 CK。

2 电话用户部分 TUP

对于 MSU 而言，其业务信息 8 位位组 SIO 包括业务表示语和子业务字段两部分，结构以及含义如图 4-14 所示。

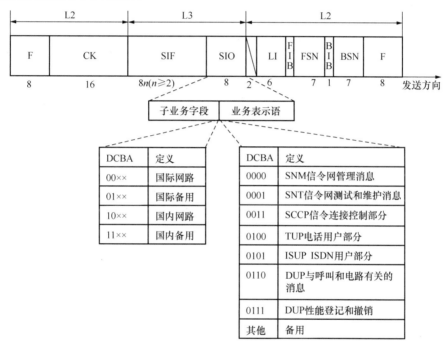

图 4-14 MSU 的业务信息 8 位位组 SIO 的结构及含义

在 No.7 信令系统中，全部电话信号都要通过 MSU 来传送，称为电话 MSU。由图 4-14 可知，电话 MSU 中 SIO 的业务表示语部分的取值为 0100。

如图 4-15 所示为 MSU 的 SIF 结构。

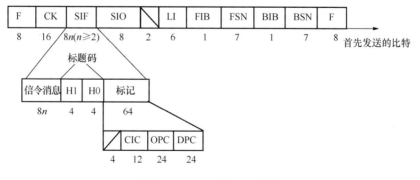

图 4-15 MSU 的 SIF 结构

> **知识窗**
>
> 在电话 MSU 中，只有 SIF 与电话用户部分的电话控制信号有关，由电话用户部分处理；SIF 的长度是可变的，它与电话用户部分的电话呼叫控制信号有关；SIF 通常由标记、标题码和信令信息三部分组成。

标记是每一信令消息的组成部分之一。消息传递部分第三级的消息路由功能根据它的路由标记部分选择适当的信令路由，而电话用户部分则用它识别消息所属的某一次呼叫。它包括三个字段：目的信令点编码（DPC）、源信令点编码（OPC）和电路识别码（CIC）。DPC 表示消息要到达的信令点；OPC 表示消息源的信令点；CIC 标识 DPC 与 OPC 之间话音电路的编号，用以表明该信令是属于哪个话路的，也识别了与哪个呼叫有关。对于 2048kbit/s 的数字通路，12 位 CIC 中的低 5 位是话路时隙编码，高 7 位表示 DPC 和 OPC 信令点之间 PCM 系统的编码；对于 8448kbit/s 的数字通路，12 位 CIC 中的低 7 位是话路时隙编码，高 5 位表示 DPC 和 OPC 信令点之间 PCM 系统的编码。

标题码包括 H0 和 H1。其中，H0 识别消息组（信令类型）；H1 识别每个消息组中的特定信令信号。消息信令单元的标题码分配如表 4-4 所示。

表 4-4　消息信令单元的标题码分配

信令类型	H0	H1	信令含义	信令代码	附加信息
1. 前向地址消息（FAM）	0001	0001	首次地址信令	IAM	有
		0010	首次地址信令及补充信息	IAI	有
		0011	后续地址信令	SAM	有
		0100	仅含一个数字的后续地址信令	SAO	有
2. 前向建立消息（FSM）	0010	0001	主叫方标志（号码）	GSM	有
		0011	导通试验（结束）	COT	无
		0100	导通试验失败	CCF	无
3. 后向建立请求消息（BSM）	0011	0001	请求发主叫标志	GRQ	无
4. 后向建立成功消息（SBM）	0100	0001	地址齐全	ACM	有
		0010	计费	CHG	有
5. 后向建立失败信息（UBM）	0101	0001	交换设备阻塞	SEC	无
		0010	中继群阻塞	CGC	无
		0011	国内网阻塞	NNC	无
		0100	地址不全	ADI	无
		0101	呼叫失败	CFL	无
		0110	被叫用户忙	SSB	无
		0111	空号	UNN	无
		1000	话路故障或已拆线	LDS	无
		1001	发送特殊号话音	SST	无
		1010	禁止接入（已闭塞）	ACB	无
		1011	未提供数字链路	DPN	无

信令类型	H0	H1	信令含义	信令代码	附加信息
6. 呼叫监视消息（CSM）	0110	0001	应答、计费	ANC	无
		0010	应答、免费	ANN	无
		0011	后向释放	CBK	无
		0100	前向释放	CLF	无
		0101	再应答	RAN	无
		0110	前向转接	FOT	无
		0111	发话户挂机	CCL	无
7. 电路监视消息（CCM）	0111	0001	释放保护	RLG	无
		0010	闭塞	BLD	无
		0011	闭塞确认	BLA	无
		0100	解除闭塞	UBL	无
		0101	解除闭塞确认	UBA	无
		0110	请求导通试验	CCR	无
		0111	复位线路	RSC	无
8. 电路群监视消息（GRM）	1000	0000	备用		无
		0001	面向维护的群闭塞消息	MGB	无
		0010	面向维护的群闭塞的证实消息	MBA	无
		0011	面向维护的群解除闭塞消息	MGU	无
		0100	面向维护的群解除闭塞证实	MUA	无
		0101	面向硬件故障的群闭塞消息	HGB	无
		0110	面向硬件故障的群闭塞证实	HBA	无
		0111	面向硬件故障的群闭塞解除	HGU	无
		1000	面向硬件故障的群闭塞解除证实	HUA	无
		1001	电路群复原消息	GRS	无
		1010	群复原证实消息	GRA	无
		1011	软件产生的群闭塞消息	SGB	无
		1100	软件产生的群闭塞证实	SBA	无
		1101	软件产生的群闭塞解除	SGU	无
		1110	软件产生的群闭塞解除证实	SUA	无
		1111	备用		无
9. 自动拥塞控制信息（ACC）	1010	0001		ACC	有
10. 国内网专用消息（NSB）	1100	0010			有（计费）
11. 国内呼叫监视消息（NCB）	1101	0000	备用		
		0001	话务员信号（OPR）	ROR	无
		0010			
		⋮	备用		
		1111			

续表

信令类型	H0	H1	信令含义	信令代码	附加信息
12. 国内后向建立不成功消息（NUB）	1110	0000	备用		
		0001	用户线市话忙信号	SLB	无
		0010	用户线长话忙信号	STB	无
		0011			
		⋮	备用		
		1111			
13. 国内地区使用消息（NAM）	1111	0000	备用		
		0001	恶意呼叫追查消息	MAL	无
		0010	备用		
		⋮	备用		
		1111	备用		

（1）首次地址消息（IAM）

交换机分析被叫用户号码确定为出局呼叫后，为其选一条出线，并前向发送有关建立接续的第一个消息，即 IAM。IAM 包括主叫用户类别、被叫用户号码及一些电路控制信息。例如，接续中有无卫星电路，要不要导通检验，是否全程为 No.7 信号等。

（2）带有附加信息的初始地址消息（IAI）

如果是市话→长途之间呼叫或者是特服呼叫，需要带有主叫用户号码等附加信息，采用 IAI。

（3）带有多个地址的后续地址消息（SAM）

在发送了 IAM 消息后，如果被叫号码总位数减去 IAM 消息中发送的被叫号码位数大于 1，则采用 SAM 发送。

（4）带有一个地址的后续地址消息（SAO）

在发送了初始地址消息后，所有剩余的被叫用户号码都可以通过 SAO 发送。

（5）一般前向建立信息消息（GSM）

GSM 是对一般请求消息（GRQ）的响应消息。

（6）导通检验消息

导通检验消息包括导通信号消息（COT）和导通故障信号消息（CCF）。导通检验消息用来进行话音通路的导通检验，以保证话路的正确连接和畅通。

（7）一般请求消息（GRQ）

在接续过程中，来话局根据业务需要向去话局发出请求消息 GRQ，去话局用 GSM 进行响应。GRQ 中包括请求类型表示语，指示请求的业务包括：

1）请求主叫用户类别。

2）请求主叫用户线标识。

3）请求原被叫地址。

4）请求恶意呼叫追踪。

5）请求保持。

6）请求回声抑制器。

（8）地址全消息（ACM）

当来话局收到全部被叫用户号码并且确定被叫用户的状态后，应立即回送后向建立消息。正常的呼叫接续，如果被叫用户是空闲状态，应回送后向的 ACM。

（9）后向建立失败消息（UBM）

1）空号（UNN）。当全部被叫用户号码到达来话局后，经号码分析，若被叫号码是没有分配的号码，则回送 UNN 消息。

2）地址不全消息（ADI）。如果在一定的时限内收到的被叫号码不足以建立呼叫，则回送 ADI 消息。

3）交换设备拥塞信号（SEC）。如果遇入局交换设备拥塞，则回送 SEC 消息。

4）电路群拥塞信号（CGC）。如果遇出线电路群中继拥塞，则回送 CGC 消息。

5）发送专用信息音信号（SST）。当一些业务需要给主叫用户送专用信号音时，则用 SST 消息。

6）接入拒绝信号（ACB）。ACB 信号是在目的地交换局进行一致性检验不成功后，因不兼容而后向发出的信号。

7）不提供数字通路信号（DPN）。如果来话局请求 64kbit/s 不受限，但去话局不存在这种传输媒介时，则后向回送 DPN 消息。

8）线路不工作信号（LOS）。LOS 消息是被叫用户线不能工作或故障时后向发送的信号，如被叫用户线故障、只发不收、终端阻断、发端和终端阻断或临时移机等情况。这些信号一旦被检测出，无需等话路导通检验完成即可发送。

（10）呼叫监视消息（CSM）

正常的呼叫接续时，来话局收全被叫用户号码并确认被叫用户空闲后，回送 ACM，将回铃音送给主叫侧并向被叫用户振铃。一旦被叫用户摘机，则将应答信号送主叫侧，主、被叫用户进入通话状态。

通话结束，如果是被叫用户先挂机，则发 CBK 信号。拆线信号 CLF 是最优先执行的信号，根据控制复原方式，决定由谁来控制释放话路。如果是主叫控制复原方式，被叫挂机信号 CBK 不能导致释放。如果是被叫控制复原方式，主叫挂机 CCL 信号也不能使话路释放。再应答信号 RAN 是由不能控制复原的那一侧的用户挂机后在一定的时限内又摘机发出的信号，再应答信号依然能使主、被叫用户继续通话。

（11）电路监视消息（CCM）

任何情况下，来话局收到前向拆线信号都必须用 RLG 信号来响应。由于 No.7 信号的中继电路是双向的，闭塞信号 BLO 可由任一交换机发出。收到闭塞信号的作用是为了能禁止在有关电路上从该交换局的呼出，直到收到闭塞解除信号 UBL 为止，但它本身并不禁止到该交换机的呼入。BLO 和 UBL 都要求证实信号，即 BLA 和 UBA 信号。CCR 信号是请求对一条独立的电路进行导通测试而发出的信号。RSC 信号是当由于存储器故障或其他原因，不知道前向拆线信号还是后向拆线信号合适时，为释放电路而发出的信号。

（12）国内后向建立不成功消息（NUB）

来话局检出普通被叫用户线市话忙时，后向发送 SLB；来话局检出普通被叫用户线长话忙以及优先、数据和传真用户忙时，后向发送 STB 信号。

4.9
操作案例：No.7 信令自环

4.9.1 案例描述

在工程中，A 县电话交换局 A 所属的电话用户和 B 县电话交换局 B 所属电话用户需实现相互固话通信，固网工程师需要通过中继线将两个交换局连接起来，并在各自的局端进行相关的交换机对接数据配置。最终实现交换局 A 的任意一个用户与交换局 B 的任意一个用户进行通信。

在对数据配置正确性检测时，一般采用把连向对方交换局的中继线连接到自己的交换局，通过"自环"方式检测数据。自环测试是固网工程师在 No.7 号信令的开通调试中行之有效的方法。

现在的任务是实现交换局的自环配置和调试检测。

4.9.2 案例实施

1 实施条件

采用 ZXJ10 数字程控交换机 8k PSM 单模块成局组网，在 1 号机架的第 5 机框的 25 槽位分别配置了一块 DTI 板，在第 4 机框的 24 槽位配置了一块 STB 单板，STB 板和 DTI 板的槽位根据实际情况而变化，其他配置满足正常需要。STB 板的配置如图 4-16 所示。

图 4-16　STB 板配置

2 数据规划

在实验室条件下，可以采用一台交换机自环呼叫模拟对接呼叫，这样可以达到一台交换机实现实际中两台交换机对接所实施的业务,可在有限的实验设备下完成局间对接的任务。案例实施的数据规划原理模型如图 4-17 所示,根据案例需要,要对如下的数据进行规划。

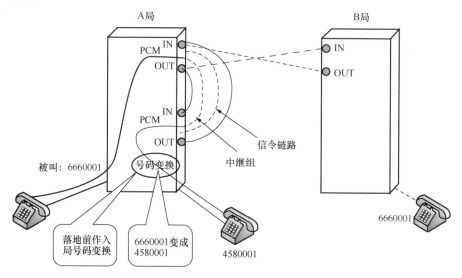

图 4-17　数据规划模型

　　自环是把 ZXJ10 交换机的两组 PCM 中继接口连接起来,话音通道(中继组)和信令通道(信令链路)占用的时隙一定要相互对应,就像是左手拉右手,手指头要对应。

　　交换局数据规划如表 4-5 所示。

表 4-5　交换局数据规划

邻接交换局局名	邻接交换局局向	邻接交换局信令点编码	本交换局信令点编码

　　实现两个交换局连接或者自环,都需要在本服务器上配置本局和邻接交换局局数据。邻接交换局局向用于区分和本局连接的交换局,本交换局局向为 0。

　　用 No.7 信令连接的交换局是信令产生点和接受点,需要配置信令点编码。

　　(1)中继组和中继电路数据规划

　　中继组和中继电路数据规划如表 4-6 所示。

表 4-6　中继组和中继电路数据规划

局向	信令方式	中继组方向	自环的 PCM	分配的中继电路

中继组用于传递自环的话路信号，需要指明中继组用于连接的交换局，即局向。自环的 PCM，即把那些 PCM 连接起来，用于自环。注意，在中继组规划时，需要在对接的中继组上，把传递话音的时隙（中继电路）组合成一个双向的中继组，预留出对应的信令时隙，传递 No.7 信令。例如，PCM1 和 PCM2 自环，PCM1 预留出 TS2 传信令，则 PCM2 也要预留 TS2 传信令。

（2）信令数据规划——信令链路

信令链路规划如表 4-7 所示。

表 4-7　信令链路规划

数据类型	第一条信令链路	第二条信令链路
信令链路编号		
信令链路选择码		
信令链路对应 STB 板的通路号		
信令链路对应 DTI 的时隙号		

注意

自环的两组 PCM 需要各自一条的信令链路，实现信令自环。信令链路由 STB 板提供，一块 STB 单板提供 8 条信令链路，信令链路要通过 DTI 单板预留的 PCM 信令时隙。

（3）信令数据规划——话路 CIC

话路 CIC 规划如表 4-8 所示。

表 4-8　话路 CIC 规划

数据类型	第一个 PCM	第二个 PCM
PCM 标识		
CIC		

（4）出局号码分析

出局号码分析如表 4-9 所示。

表 4-9　出局号码分析

出局局号	出局路由链组	号码长度

（5）号码变换

号码变换方式如表 4-10 所示。

表 4-10　号码变换

号码变换地点	号码变换方式	删除的位长	增加的号码	变换后的方式

号码变换采用"换头术"，是自环验证的关键环节，将出局号码的局号"删除"，用

本局局号"替代",将出局的电话号码变换成本局电话号码。出局电话通过号码分析,送上中继线,因为是环路,又被送回交换机内部,由于经过号码变化,变换后的号码可以落地为本地号码,本地电话响。

3　自环数据基本配置

(1)物理配置

1)在"物理配置"界面,单击"单元配置"按钮,进入"单元配置"界面。

2)选中数字中继单元,进行子单元修改,将 4 个 PCM 初始化为共路信令。

传输码型:HDB3。

硬件接口:E1。

CRC 校验:no CRC　(only for ESF)。

注意

CRC 校验需要硬件的支持,不是所有的产品都支持这一功能。ZXJ10 支持 CRC 校验,但在实际对接时一定要与对端局协商好,采取一致的选择。

---

(2)数据配置

1)本交换局信令点配置。选择"数据管理"→"基本数据管理"→"交换局配置"菜单,在"交换局配置"界面选择"本交换局"的"信令点配置数据"页面,如图 4-18 所示。在该步骤中主要配置本交换局的"信令点编码"及"七号用户"部分,有 OPC14 和 OPC24 两类信令点编码可供选择使用,一般用 OPC24 方式,需根据实际情况填入,此处的信令点编码是十进制的。"七号用户"部分一定要选上相应业务,否则 7 号信令系统将不能正常开通,比如开通的是 ISUP 中继,则"ISUP 用户"必须选择。

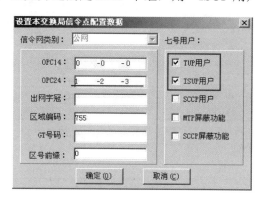

图 4-18　本交换局信令点配置

2)增加邻接交换局。选择"数据管理"→"基本数据管理"→"交换局配置"菜单,在"交换局配置"界面选择"增加邻接交换局"页面,如图 4-19 所示。

根据实际情况填入相应数据,对于国内开局来说,多数情况下,"7 号协议类型"、"子业务字段 SSF"、"子协议类型"、"信令点编码类型"、"测试业务号"可以按照规划进行设置。"标志位"、"有关的子系统"一般不要修改。

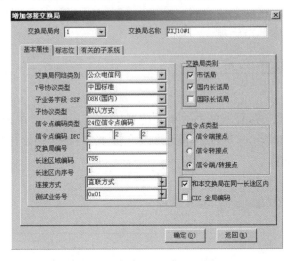

图 4-19　邻接交换局配置

3）增加中继电路组。选择"数据管理"→"基本数据管理"→"中继管理"菜单，在"中继管理"界面选择"增加中继组"页面（缺省页面），如图 4-20 所示。

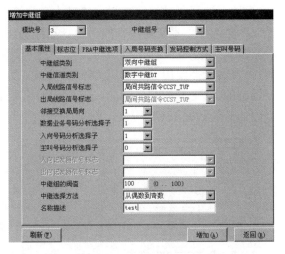

图 4-20　增加中继电路组

> **注意**
>
> 　中继组用于传递话音。自环的两组 PCM 都可以包括在一个双向中继组内，但需要建立一个双向中继组。

中继组类别：一般为双向中继。

中继信道类别：数字中继 DT。

入/出局线路信号标志：开 TUP 中继选"CCS7_TUP"；开 ISUP 中继选"CCS7_ISUP"。

邻接交换局局向：为"邻接交换局"中所建立局向。

数据业务号码分析选择子：汇接时如需要在出局路由上把数据业务和其他业务分开，可使用此分析选择子（注意：只有中继组为 ISUP 类型、用户为 ISDN 类型时，该选择子才有效），如果没有这种需要，可以选与入向号码分析选择子相同的选择子。

入向号码分析表选择子：该群入局呼叫时的号码分析子。

主叫号码分析选择子：可以根据不同的主叫来寻找相应的号码分析子。不使用时填"0"。

中继组的阈值：当中继组内的电路被占用的百分比达到设定的阈值时，即使有空闲电路，后面的呼叫也不能占用。

中继选择方法：需要和对方约定，多数情况下，根据本局信令点和邻接局信令点的大小比较来确定，如果本局较大，选"从偶数到奇数"；否则，选"从奇数到偶数"。

"标志位"页面一般缺省即可，在不明白修改后果的情况下不要随便改动，可以在该界面中进行入局号码流的变换及对主叫号码的变换。

做自环时很重要的一点是号码流变换，可以在入局做，也可以在出局做，还可在号码分析中做。若在入局做号码流变换，则需在"入局号码变换"子页面（见图 4-21）中选择合适的变换方法。如果本局局码为 458，出局局码为 666，此处可进行如下选择。

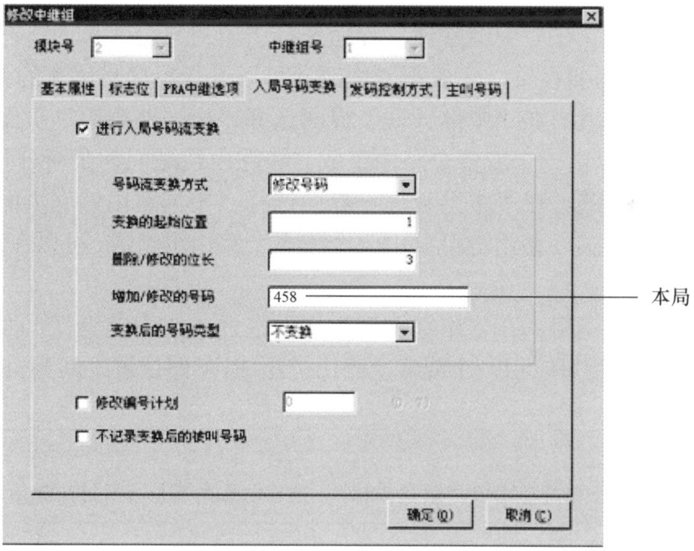

图 4-21　号码变换

号码流变换方式：修改号码。

变换的起始位置：1（从第一位修改）。

删除/修改的位长：3（出局局号长度）。

增加/修改的号码：458（本局局号）。

号码变换采用修改号码方式，把出局号码的局号删除，用本局号码的局号替代，所以变换起始位为局号的第一位，删除/修改的位长是出局局号的长度，增加/修改的号码为本局的局号。

4）分配中继电路。在"中继管理"界面选择"中继电路分配"页面，如图 4-22 所示。将需要分配的电路加入中继组中，自环的两组 PCM 的中继电路都应该包括在内。注意，准备用来作为信令链路的电路不要在此分配，要预留出来。

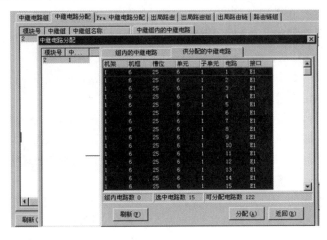

图 4-22　分配中继电路

5）增加出局路由。在"中继管理"界面选择"出局路由"页面，在路由中填入中继组，其余选项根据需要设置，一般不要修改，可以进行出局号码流的变换。

6）增加出局路由组。在"中继管理"界面选择"出局路由组"页面，将路由加入路由组中，路由组可以由一个或多个路由组成，各路由组之间为负荷分担的关系。

7）增加出局路由链。在"中继管理"界面选择"出局路由链"页面，将前面设置的路由组加入到路由链中。路由链可以由一个或多个路由组组成，可以在这里设置优选、次选路由组。

8）增加出局路由链组。在"中继管理"界面选择"路由链组"页面，将路由链加入路由链组中，路由链组可以由一个或多个路由链组成，各路由链之间为负荷分担的关系。

注意

出局路由链组建立好，需要查看"中继关系树"，查看中继关系是否断链，如图 4-23 所示。

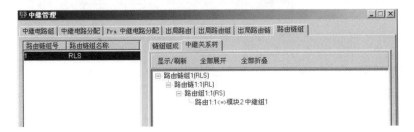

图 4-23　中继关系树

9）出局号码被叫号码分析。在本地号码分析器中对出局被叫号码进行分析，如图 4-24 所示。号码分析关联已建好的出局路由链组，对出局号码进行呼叫时，将呼叫通过出局路由链组送到中继线。

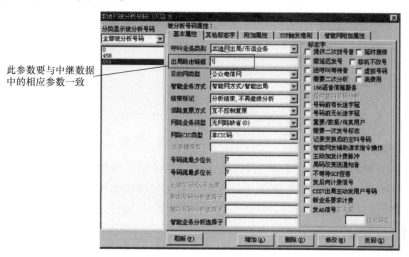

此参数要与中继数据中的相应参数一致

图 4-24　出局被叫号码分析

10）增加信令链路组。选择"数据管理"→"七号数据管理"→"共路 MTP 数据"菜单，在"共路 MTP 数据"界面选择"增加信令链路组"，进入"增加信令链路组"界面，如图 4-25 所示。该设置界面中直联局向是"邻接信令点设置"中所设置的局向，是指信令链路直连的局向，一般情况下与中继局向相同，但若话路直达而信令由 STP 迂回时，则两者不一致。"差错校正方法"根据对接双方要求和链路传输时延选取，在绝大多数情况下选择"基本方法"。

图 4-25　"增加信令链路组"界面

注意

自环仅需要增加一个信令链路组。

11）增加信令链路。由于自环需要两条占用相同时隙的信令链路环起来，所以需要增加两条信令链路。

在"信令链路"子页面单击"增加"按钮，进入"增加信令链路"界面，如图 4-26 所示。

选择"信令链路号"为 1，"链路组号"为 1，"链路编码"为 0，"模块号"为 2，则系统列示出"信令链路可用的通信信道"和"信令链路可用的中继电路"。选择 STB 板提供的信道 1 和 DT 板第一个 PCM 组的预留时隙，单击"增加"按钮，即在信令链路组 1 中增加了一条信令链路。

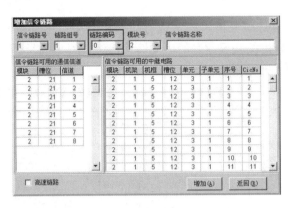

图 4-26　"增加信令链路"界面

选择 STB 板提供的信道 2 和 DT 板第二个 PCM 组的预留时隙，系统自动将"信令链路号"置为 2，"链路编码"置为 1，单击"增加"按钮，则又在信令链路组 1 中增加了一条信令链路。

信令链路可用的通信信道指该链路所占用的七号信令板信道号。

信令链路可用的中继电路指该链路所占用的中继板电路号，与对方局一一对应。

回到如图 4-27 所示的"七号信令 MTP 管理"界面的"信令链路"页面，单击相应的链路号，确认链路编码和中继电路号是否正确。

图 4-27　查看信令链路

注意

信令链路编码（SLC）是交换局间信令链路的标识。在做对接时，要求与对端局必须一致。

12）增加信令路由。在"七号信令 MTP 管理"界面选择"信令路由"页面。

如果一个信令路由中有两个信令链路组，则需要选择链路排列方式，可任意排列，也可按照 SLS 的某一位来选择信令链路组，或者人工指定。

13）增加信令局向。在"七号信令 MTP 管理"界面选择"信令局向"页面。

信令局向：一般情况下与话路中继局向一致。

信令局向路由：填入正常路由，若有迂回路由，一并填入。对某一个目的信令点，有四级路由可供选择，即正常路由、第一迂回路由、第二迂回路由、第三迂回路由，是三级备用的工作方式。也就是说，正常路由不可达后，选第一迂回路由，正常路由、第一迂回路由均不可达后，选第二迂回路由，以此类推。

14）增加 PCM 系统。在"七号信令 MTP 管理"界面选择"PCM 系统"页面。

信令局向：这里的局向与话路中继局向一致。

PCM 系统编号：CIC 高 7 位，使得对应电路的 CIC 编码与对方局一致。

PCM 系统连接到本交换局的子单元：对应的 2M 系统。这里实际上是对信令链路管理的 PCM 电路进行编码，也就是常说的 CIC 编码。

需要注意的是，关联的 PCM 系统必须是自环的两个组 PCM。

知识窗

No.7 信令系统中采用电路识别码（CIC）来标识中继电路。2M 系统的电路识别码由 12 比特组成，分为高 7 位和低 5 位，其中高 7 位标识相连的两个局之间的 PCM 2M 口的序号，即"PCM 系统编号"，低 5 位标识每个 PCM 中 2M 口内的时隙号，共 32 个。对接时必须保证相连的两个局的每一条局间中继电路的 CIC 相同，即 PCM 系统编码相同和其下的 32 个电路编号一致。

例如，"PCM 系统编号"若为 0，则该 PCM 2M 口的各个时隙的 CIC 值的编号就从 0（对应时隙 0）开始到 31（对应时隙 31）结束。"PCM 系统编号"若为 1，则该 PCM 2M 口各个时隙 CIC 值的编号就从 32（对应时隙 0）开始到 63（对应时隙 31）结束。值得注意的是，CIC 编码是针对话路的，系统在此处只是给出了时隙 0 和信令时隙的编码，实际是不会使用的。

15）No.7 自环请求。选择"数据管理"→"动态数据管理"→"动态数据管理"菜单，如图 4-28 所示，进入"动态数据管理"界面，如图 4-29 所示。该界面包括"电路（群）管理"、"No.7 自环请求"和"MTP3 人机命令"，分别实现电路群的解闭，No.7 信令和话路的自环申请，No.7 信令链路和路由的状态查看。

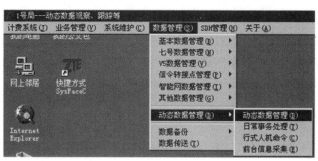

图 4-28　选择菜单命令

进入"No.7 自环请求"子页面，在"No.7 中继线自环"域选择"PCM 线 1"为"模块 2 单元 4 子单元 1"，"PCM 线 2"为"模块 2 单元 4 子单元 2"，单击"请求自环"按钮，则系统列示出被自环的两个 PCM 线，实现了话路的自环申请。

在"No.7 链路自环"域分别选中"链路号 1"和"链路号 2"，并分别单击"请求自环"按钮。单击"查询自环"按钮，系统列示出信令的自环情况，实现了信令的自环申请。

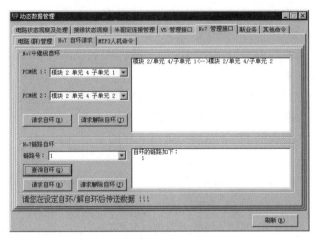

图 4-29 "动态数据管理"界面

注意

设置了自环和解自环数据后必须传送数据，否则会导致 No.7 信令系统工作异常。

4.10

案例检测

数据传送到前台交换机，需要通过检测工具来检测和调试交换机的自环链路状态和话路状态，保证信令链路处于激活和服务状态，保证中继电路处于空闲状态，然后使用 No.7 信令跟踪工具跟踪呼叫过程中的信令。

4.10.1 MTP3 人机命令

选中"MTP3 人机命令"页面。首先选定链路序号、链路组序号或路由组序号，单击相应按钮，系统将显示操作结果，可以进行激活链路、查看链路组、查看某局向路由状态和查看链路操作。

单击"查看链路状态"按钮，若在"返回结果"域显示：

1 链路的状态如下：

服务状态

业务状态

则说明链路 1 确实被激活，此时观察 STB 板，可看到 DTI 单板的 DT 运行灯快闪。

如果"返回结果"域的显示如图 4-30 所示，则表明链路处于假活状态或未激活。

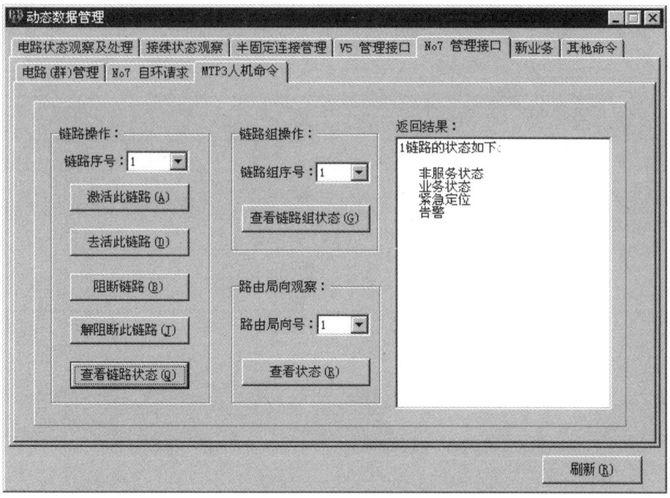

图 4-30 查询链路状态

待链路操作正常后，在"链路组操作"域选择"链路组序号"为"1"后单击"查看链路组状态"按钮，如果"返回结果"域显示：

链路组 1 状态如下：

此链路组所属的局向号：1

当前处于服务状态的链路数 2

处于服务状态的链路如下：

链路 1

链路 2

则说明链路组状态正常。如果没有显示处于服务状态的链路，需要去查看 No.7 信令制作部分的数据。

待链路组操作正常后，在"路由局向观察"域选中"路由局向号"为 1，单击"查看状态"按钮，如果"返回结果"域显示：

路由组 1 状态如下：

路由可达

优先级别：0

负荷分担的链路组如下：

链路组 1

当前负荷分担链路表如下：

链路 1

链路 2

则说明该路由局向状态正常。

4.10.2　电路（群）管理

在如图 4-31 所示"动态数据管理"界面的"电路状态观察及处理"页面中可以查看中继群等的状态。

图 4-31　电路群管理

如果中继电路为闭塞，可在如图 4-32 所示"No.7 管理接口"页面的"电路（群）管理"子页面进行信令解闭和硬件解闭。

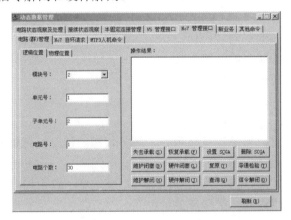

图 4-32　解闭塞界面

可选择逻辑位置定位和物理位置定位，逻辑位置定位的做法如下。

模块号：2。

单元号：在物理配置中给该数字中继单元分配的功能单元号。

子单元号：该数字中继板上需要解闭的 PCM 子单元号。

电路号：第一个开始的用于传递话音的中继电路（时隙），即中继电路组的第一个时隙。

电路个数：30；一个 PCM 中去除帧同步时隙和用于信令链路的时隙，还有 30 个作为话路。

4.10.3　No.7 信令跟踪

选择"业务管理"→"七号信令跟踪"菜单，进入"七号，V5 维护"页面。

选择"信令跟踪"→"七号跟踪设置"菜单，可以选择"根据号码"、"根据链路"等方式，如果选择根据号码，进入"TUP, ISUP 跟踪设置"界面，选择"号码类型"为主叫用户号码，并在"用户号码"域键入该号码，单击"确认"按钮，完成信令跟踪设置。再单击绿色开始跟踪图标，即进入跟踪状态。

一般都可以选择"根据链路"，即信令链路，这样链路上所有的电话都可以跟踪上。

一个正常的出局呼叫，其 No.7 信令跟踪如图 4-33 所示。

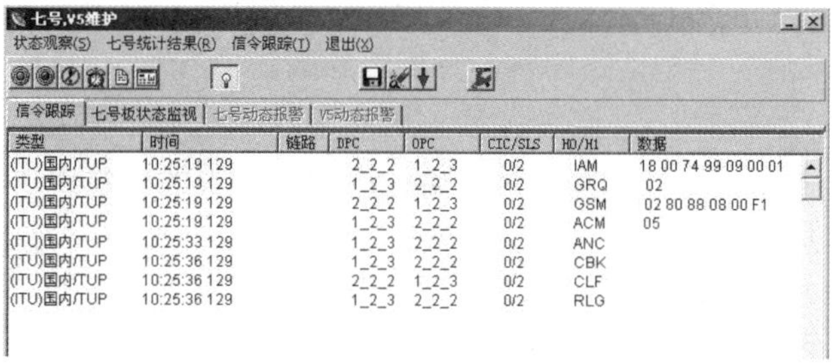

图 4-33　No.7 信令跟踪

信令跟踪记录分析：如果出局呼叫没有通，则记录信令，参考前面信令的含义，分析故障。

信令跟踪记录分析如表 4-11 所示。

表 4-11　信令跟踪记录分析

	信令	信令含义	可能故障原因
第一条			
第二条			
第三条			
第四条			
第五条			
⋮			

4.11

拓展与提高

4.11.1　典型故障设置

1）自环时，没有进行号码变换或者号码变换中"增加/修改号码"中填写为出局的局号。观察 No.7 信令跟踪，记录信令，分析原因。

观察到的信令为 SEC，交换机拥塞。原因是没有进行号码变换，或者是变换后仍然是出局局号，出局号码经过中继自环以后进入交换机，通过中继组关联的入向号码分析子，分析结果仍然是出局号码，通过出局路由链组继续送上中继线，如此反复进行，占用了交换机的全部时隙资源，造成交换机时隙拥塞。

2）DTI 板 HW 号设置错误，观察 DTI 单板的运行指示灯和 STB 单板的运行指示灯。想一想对 No.7 信令有什么影响。

DTI 单板 HW 号设置错误，则 DTI 单板不能正常工作，单板指示灯告警。No.7 信令通过 DTI 单板的时隙传递出去，则 No.7 信令链路通，STB 单板的运行指示灯常亮。在 No.7 信令链路激活情况下，STB 单板运行指示灯快闪。

3）信令链路激活，但是话路闭塞，分析其原因。

通常话路闭塞分两种情况：信令闭塞和出向中继闭塞。可以在"动态数据管理"中解闭。如果"动态数据管理"中显示信令解闭失败，则证明现象中所述 No.7 信令链路已被激活是个假象，是假活。

一般话路闭塞是由中继数据制作不正确和其他不明原因造成的。解决办法如下：

① 检查物理连线，确保物理连接正确。

② 等待几分钟，信令激活到话路解闭常常要延迟一段时间。

③ 检查并修改中继数据。如果情况依旧，继续下面的步骤。

④ 检查 CIC 是否与对端局一致，如果是自环则不必了。

⑤ 在话务量小的时候首先复位 DTI 板。

⑥ 如果问题仍不能得到解决，可将 No.7 链路激活，检查链路数据与交换局配置数据，然后再激活信令链路。

⑦ 如果问题仍不能得到解决，传全部表，等 2min，切换 MP。必要时，可考虑重启 MP。

4.11.2 No.7 信令对接

在本交换局设置 No.7 信令局间对接的本局数据和邻接局局数据。

确保本局用于对接的 PCM 的"IN"与对端局用于对接的 PCM 的"OUT"可靠连接；本局用于对接的 PCM 的"OUT"与对端局用于对接的 PCM 的"IN"可靠连接。

中继数据的制作过程同自环。但自环时推荐将两个 PCM 做在一个中继组中。而对接的要求没有这样苛刻，只要信令链路和 CIC 编码与对端局对应，原则上中继组中做几个 PCM 都可以。

出局号码分析同自环的做法：注意不要做号码变换，"动态数据管理"不需要进行 No.7 自环请求，其他同自环的做法。同时，与 No.7 对接数据的配置要注意本局和邻接局的协商，需要协商或者一致的数据有：

1）DPC、OPC 的协商。

2）SLC 信令链路编码一致。

3）CIC 码，其实是 PCM 系统编号一致。

4）用户部分是 TUP 还是 ISUP 一致。

5）DTI 单板上信令时隙一致。

4.11.3　中继组话务管理

中继组话务管理，即在做 No.7 自环或者对接时，根据中继上面的轮选、优选关系，灵活建立中继关系树。这样，能实现中继的备份和话务灵活分配，防止两个局间的中继线中断，造成局间通信话路中断。

比如设置三个中继组，构建满足下列条件的中继关系树：

在没有发生话务溢出或者中断时，实现中继组 1 和中继组 2 的 50%的话务分担。

如果发生话务溢出或者中断，则选择中继组 3，实现 100%话务。

4.11.4　多局号与自环配置

这是设多个局号与自环融合的任务，帮助理解自环中的号码变换含义，可以根据学校设备和学生情况进行选做。

（1）本局数据配置要求

号码管理中：建立局号 666、777、888；实验用三个电话，每个电话对应一个局号。

号码分析：使局号 777 对应的电话分别能和 666、888 对应的电话互通；使局号 666、888 对应的两部电话不能通话。

（2）No.7 自环实验数据要求

邻接局局号：999。

PCM 系统编号：15。

中继数据：使 777 对应的电话拨打自环出局电话，888 对应的电话振铃，双方通话，并记录某次通话时 CIC 的码值。

单 元 小 结

本单元主要介绍 ZXJ10 中继接口数据的配置管理，对一些重要的概念（如中继电路组、出局路由、出局路由组、出局路由链以及出局路由链组的含义及其相互关系）也作了详细介绍。

No.7 信令系统是在通信网的控制系统之间传送有关通信网控制信息的数据通信系统。No.7 信令系统采用了功能化的模块结构，这种模块结构可以和开放系统互连参考模型（OSI）的 7 层相对应。

No.7 信令网是叠加在受控的电路交换网之上的一个专用的计算机分组交换网，信令网中传送着电路交换网的控制信息。我国 No.7 信令网由高级信令转接点（HSTP）、低级信令转接点（LSTP）和信令点（SP）三级组成。

No.7 信令方式采用可变长度的信号单元传送各种消息，它有三种信号单元格式，即

163

消息信号单元（MSU）、链路状态信号单元（LSSU）和填充信号单元（FISU）。对于 MSU 而言，其业务信息 8 位位组 SIO 包括业务表示语和子业务字段两部分，来自于不同用户的信令消息是通过业务表示语的取值不同而加以区分。本章详细介绍了电话用户部分（TUP）和 ISDN 用户部分（ISUP）。

ZXJ10 No.7 信令系统严格依据原邮电部颁发标准和 ITU-T 建议设计开发，全面实现 No.7 信令 MTP、TUP、ISUP、SCCP、TCAP、INAP、OMAP 和 MAP 等各项功能。No.7 信令的 MTP1、MTP2、MTP3+SCCP 三层协议分别由 ZXJ10 的 DTI、COMM、MP 相应的软件支持实现。

信令跟踪可以实时观察和记录局间信令的互控变化过程，从而为开局和维护提供可靠、直观的参考依据。

思考与练习

1. 信令按照传输方式划分成几种类型？
2. 说明 No.7 信令的分层结构。
3. 简述 MTP1、MTP2、MTP3 的作用。
4. 请说明 ZXJ10 是如何实现 No.7 信令的。
5. 说明我国 No.7 信令网的结构。
6. 我国信令点采用多少位的编码方式？
7. 在消息信号单元 MSU 中，标记信令点编码的是哪个字段？
8. FISU 和 LSSU 的作用是什么？
9. TUP 中，携带被叫号码的消息是什么？
10. 请描述一次完整的主叫释放的 TUP 信令过程。
11. No.7 信令自环是否成功怎么检测？
12. 号码变换有哪些地方需要注意？
13. No.7 信令自环过程中，如果收到交换机拥塞的消息，可能有哪些原因？
14. 在 No.7 信令对接中，有哪些因素是需要对接双方协商配置的？
15. 一路 No.7 信令链路可以支持多少路话音信号？
16. 结合"信令跟踪"和"呼叫业务观察和检索"总结在 No.7 信令自环实验中的故障现象并分析原因。

单元5 商务群和话务台配置

本单元主要完成商务群和话务台的配置。商务群是公用网的设备，实现了用户交换机 PABX 的功能，将交换机已有的一些用户划分成一个群，实现虚拟的小交换机功能；话务台又称为坐席号码，实现群内话路转接和排队的功能，一部公共电话即可同时具备几种不同属性的用户。

教学目标

知识教学目标

1. 了解群的基本概念和分类;
2. 熟悉特服群的号码分配原则;
3. 熟悉商务群的群内用户;
4. 掌握商务群的号码分析;
5. 了解话务台的几种类型。

技能培养目标

1. 能够熟练进行小号码放号;
2. 能够熟练进行群字冠分配和分析;
3. 能够将小号与大号对应;
4. 熟悉群内和群外用户拨打方法;
5. 掌握综合话务台安装;
6. 熟悉简易话务台激活;
7. 熟悉标准话务台安装与使用;
8. 具备阅读资料获取信息的能力。

5.1

群的基本概念

1 小交换机用户群(PABXG)

小交换机用户群的特征是把若干本局用户作为一个群,群内用户可以进行连选。

连选是小交换机用户群的唯一特性。小交换机用户群中的用户有两类,即引示线用户和非引示线用户。当呼叫引示线用户时,可以触发连选功能;当呼叫非引示线用户时,不触发连选功能,可以根据需要设置非引示线用户的呼入呼出特性。具有呼入呼出权限的非引示线用户可以作为普通用户进行呼叫。分配了号码的小交换机用户群可以单独配置号码。如图5-1所示为交换机群示意图。

2 特服群

特服群和小交换机用户群有些类似,但又不完全一样。特服群必须要有话务台,标准话务台和简易话务台都可以，它主要用于完成一些特服功能，如 110、119、114、112 等。只有话务台登录或激活后，用户才能拨打该特服群，否则只能听忙音。特服群内的话务台同样可以进行连选。

3   CENTREX 商务群

CENTREX 商务群在公用网的设备实现了用户交换机 PABX 的功能，将交换机已有的一些用户划分成一个群，实现虚拟的小交换机功能。使用 CENTREX 业务功能的用户除了可以获得普通公用网用户的所有业务功能外，还可以具有 CENTREX 具备的特殊业务功能。如图 5-2 所示为 CENTREX 商务群示意图。

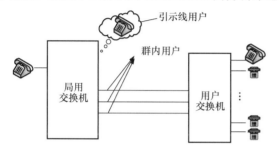

图 5-1   小交换机群   图 5-2   CENTREX 商务群示意图

整个交换机最多可有 65 536 个 CENTREX 群，每个群的用户数无限制，可为整个交换机的容量。同时，群内用户也可分布在不同的局，即 CENTREX 群内的小号可以直接对应其他局的市话号码。群内用户种类可为模拟用户、V5 的模拟用户和 ISDN 用户。如图 5-3 所示为 CENTREX 商务群用户示意图。

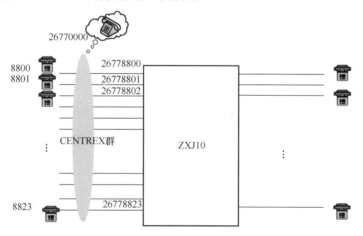

图 5-3   CENTREX 商务群用户

在 CENTREX 群中有以下几种用户。

（1）引示线号码

引示线号码即总机号码。CENTREX 群具有引示线号码，拨打该号码时呼叫自动转移到话务台上，无话务台则听忙音。引示线号码是专门为 CENTREX 群配备的 PSTN 号码，它不是该 CENTREX 群的某个用户分机的 PSTN 号码，也不是该 CENTREX 群的某个话务台用户的 PSTN 号码。在一个号码被定义成为引示线号码前，它必须是一个未分配用户线的空号，只有这样的号码才能定义成为该 CENTREX 群的引示线号码。用户通过拨打引示线号码可以访问 CENTREX 群。

（2）群内普通号码

群内普通号码相当于分机用户。加入 CENTREX 群前应为普通市话用户。群内普通用户具有两个号码（市话号码和群内小号）。市话号码（大号）具有普通市话用户功能；群内小号便于群内用户相互拨打。群内用户出群需要拨打出群字冠。

（3）话务台用户

话务台用户又称为坐席号码，实现话路转接，分标准话务台、简易话务台等。话务台坐席号码必须是群内用户。

CENTREX 群的话务台用户和普通分机用户都配有 PSTN 号码和 CENTREX 群内专用的分机号码，CENTREX 用户号码的号长可以是 2～8 位。

群内用户之间呼叫有三种方法：拨打小号、拨打大号和拨打话务台转接。

群外用户拨打群内用户也有三种方法：拨打被叫用户的大号、拨打引示线号码（实际上接入话务台）转接和拨打话务台转接。

商务群可以在不同区域、不同地域的交换机上实现，称为广域商务群，如图 5-4 所示。

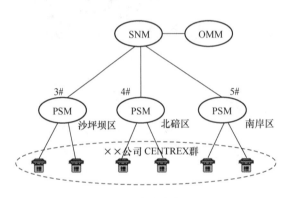

图 5-4　广域商务群

4　ISPBX 群

ISPBX 群同 PABXG 群的区别仅在于 ISPBX 群是数字用户群，而 PABXG 为模拟用户群。

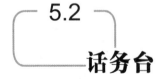

5.2　话务台

1　话务台分类及功能

综合话务台包括标准话务台、简易话务台、语音话务台，根据用户的需要，可以单独配置，也可以组合配置。

简易话务台就是交换机的一部话机，它与MP的通信由交换机的内部通信链路完成，具有排队功能，以实现电话转接。

标准话务台是一台安装了话务台软件的电脑，它与MP的通信可以采用TCPIP通信方式，此时话务台与前台及后台服务器的消息交互通过后台以太网完成，也可以采用ISDN通信方式。这里介绍局域网方式。局域网方式标准话务台如图5-5所示。

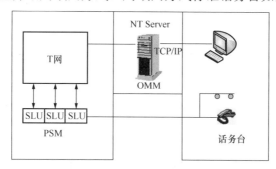

图 5-5　局域网方式标准话务台

标准话务台具有以下功能：

1）可以对话务员权限进行管理。

2）具有排队功能。

3）可以区分来话级别。

4）可以实现转接、插入、监听、预占、再振铃、三方通话、保持呼叫、静音、二次发号、自动转移等。

5）有电话会议和组呼功能。

6）可以对业务组内用户设置闹醒、免打扰、夜服等补充业务。

7）可以修改业务组内用户的属性，如呼入权限、呼出权限、新业务等。

8）可以对业务组内用户实现立即计费。

9）具有查号台的功能，可以自动报号。

10）可以查询业务组内、外的用户状态，查询中继状态，查询长、短号码的对应关系。

语音话务台没有终端，它是前台MP的一个进程，语音话务台可以自动受理呼叫，提供语音提示。

一个群如果同时有语音话务台和其他话务台（如标准话务台和简易话务台），总是先上语音话务台，且进入的呼叫无需排队，可以同时受理。在用户选择人工服务之前，整个过程无需话务员参与。

2　简易话务台的使用

简易话务台就是一部话机，基本功能与普通话机相同，可以与普通话机一样使用。

（1）应答

假设 A 用户拨打特服群或 CENTREX 群的引示线号码，或者直接拨打简易话务台的号码，如果简易话务台空闲，则简易话务台振铃，话务员摘机可以与 A 用户通话。

（2）转接

假设 A 用户呼叫入台，简易话务台振铃，话务员提机与 A 通话，根据 A 的要求转接群内 B 用户。

转接过程如下：话务员拍叉簧，听拨号音，拨 B 用户号码，此时 A 用户听音乐，话务员听到回铃后挂机，A 用户听回铃音，直到 B 用户摘机，A 用户和 B 用户通话。

3 标准话务台的使用

标准话务台的操作端是安装在计算机上的软件，在实现简易话务台的基础上增加了很多的功能，具体的操作在本单元后面会详细介绍。

5.3
操作案例：宾馆商务群配置

5.3.1 案例描述

在电信公网上设置某宾馆的电话系统，要求能实现将外部电话通过宾馆总台电话接入、自动转接或通过前台服务员人工转接到房间以及不同房间电话的短号码和市话号码的拨打。案例示意图如图 5-6 所示。

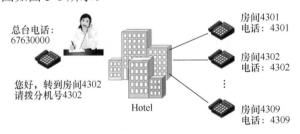

图 5-6　案例示意图

在该案例中，宾馆的电话组成了一个整体，具有相同的属性，即同时拥有市话号码和短号码，宾馆总台电话代表了整个宾馆的电话，外部人员只需要记住总台电话，通过转接拨通房间电话，有利于保证宾馆客户不受到干扰。宾馆电话构成具有短号码的整体，可以通过 CENTREX 商务群实现，电话转接可以通过话务台实现。

5.3.2 案例实施

1 实施条件

案例实施采用 ZXJ10 数字程控交换机 8k PSM 单模块成局组网，模拟公共电话网络，

170

在一个交换机下构建 CENTREX 商务群，必须配置 ASIG 模拟信令板和具有话务台软件安装源文件，以及至少具备 4 部空闲电话机，分别作为两个群内用户、群外用户、话务台用户，并且分配引示线号码，实现群内群外用户各种拨打方法。ASIG 板一般配置在第 5 或者第 6 层机框的 24 或 25 槽位。如图 5-7 所示为 ASIG 配置。

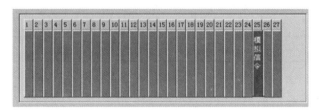

图 5-7　ASIG 配置

2 数据规划

如图 5-8 所示为某宾馆商务群数据规划模型。

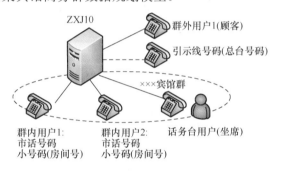

图 5-8　某宾馆商务群数据规划模型

（1）商务群规划

商务群规划表如表 5-1 所示。

表 5-1　商务群规划

商务群群号	出群字冠	引示线号码

　　房间电话、话务台电话构成一个商务群，每个商务群都有编号。出群字冠是群内用户呼叫群外用户时拨打的首位号码，一般选择"9"。

（2）市话和群内小号码规划

市话和群内小号码规划表如表 5-2 所示。

表 5-2　市话和群内小号码规划

市话	小号码百号	话务台号码	小号码号码长度	市话和小号码对应关系

（3）号码分析规划

号码分析规划表如表 5-3 所示。

表 5-3　号码分析规划

用户属性所用号码分析子	商务群所用号码分析子关联号码分析器	商务群号码分析器分析号码	"9"出群字冠分析结束标志	小号码分析结束标志

商务群群内用户需要使用单独的号码分析选择子，包括商务群号码分析器，在商务群号码分析器中需要分析出群字冠和群内小号码。

3　数据配置参考

（1）商务群数据配置

1）增加商务群。选择"数据管理"→"基本数据管理"→"用户群数据"菜单，打开如图 5-9 所示的"群管理"界面，在界面中单击"增加群"按钮可增加群。

主叫送引示线号码：选择该项，则群内用户出群呼叫时，送的主叫号码为群的引示线号码；否则，送用户的实际号码。

群内用户直接上人工话务台：选择该项，则群内用户摘机即直接上人工话务台。

语音话务台转接后无应答回台：选择该项，当用户呼入并听语音提示然后拨分机号，如被叫分机未应答，则呼叫被转回语音台，给新的类似"对不起，您拨打的用户无应答，请拨其他的号码"的语音提示。

图 5-9 所示配置中假设出群字冠为"8"，一般为"9"。

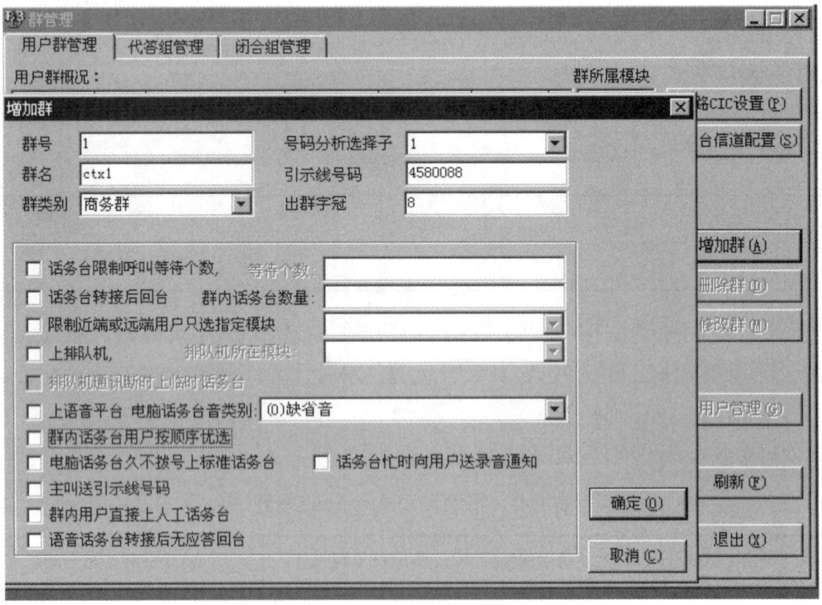

图 5-9　增加商务群

172

2）群内用户管理。商务群（CENTREX 群）的群用户管理相对来说要复杂些。首先要在商务群内定义百号、号码长度，然后给这些百号中的小号码指派相应的市话号码（称为大号码）。群内呼叫一般使用小号码，而群外的用户可以直接呼叫群内用户的大号码，实现直接呼入。有时还要指定闭合用户群和代答组。

选中一商务群，单击"群用户管理"按钮，如图 5-10 所示。

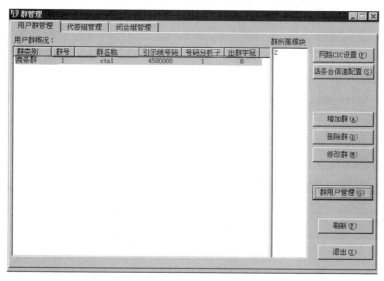

图 5-10 群用户管理

3）创建小号码资源。单击"增加百号"按钮，在弹出的对话框中根据要求设置"百号所属模块号"、"号码长度"、"欲增加起始百号"和"欲增加终止百号"后，如图 5-11 所示，单击"确定"按钮完成。其中，"号码长度"表示商务群中用户小号码的长度。

图 5-11 增加小号码百号

图 5-11 中配置小号码长度为 3 位。若"欲增加起始百号"与"欲增加终止百号"同时为"3"，则表示增加了一个百号组，下面可以放"300～399"共 100 个小号码。若"欲增加起始百号"为"3"，"欲增加终止百号"为"4"，则表示增加了两个百号组，下面可以放"300～399"和"400～499"共 200 个小号码。

4）小号码资源的分配。小号码资源的分配，将小号码和市话大号码建立一一的关联关系。

选定"待指派局号"和"百号"，则被指派的市话号码将会显示出来。在"市话号码"和"群内已有用户"框中分别选择一个或多个号码，单击"左箭头"按钮，系统将按顺序将小号码与市话号码一一对应起来，如图 5-12 所示。如果两者的数目不一致，系统将按较少数目指派。在此界面，还可对群内用户设置呼入呼出权限（选中用户单击鼠标右键）。在"群内已有用户"框中选定号码，单击"右箭头"按钮并确认后，系统将解除指定的小号码与市话大号码的对应关系。只有在全部对应关系都解除之后，方可进行删除百号操作。

图 5-12　小号码资源的分配

（2）群用户号码分析

1）增加商务群号码分析器。在用户群所使用的号码分析选择子中添加 CENTREX 号码分析器。在 CENTREX 号码分析器中需要分析出群字冠和小号码。为此，先在号码分析器入口中增加"CENTREX"分析器入口，如图 5-13 所示。

2）分析群内小号码。群内小号码分析中，仅分析群内小号码的百号即可，呼叫业务类别为"CENTREX 商务群组内本局呼叫"，分析结束标志为"分析结束，不再继续分析"，如图 5-14 所示。

图 5-13　增加商务群号码分析器

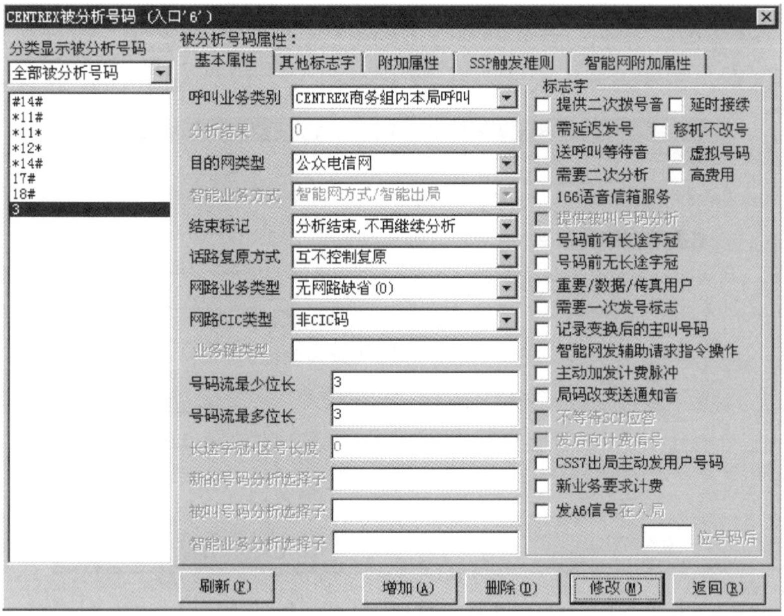

图 5-14　分析短号码

3）出群字冠分析。出群字冠分析中，呼叫业务类别为"CENTREX 商务群组内出局呼叫"，不要和小号码分析混淆，分析结束标志为"分析结束，余下号码在后续分析"，号码长度为"1"，如图 5-15 所示。

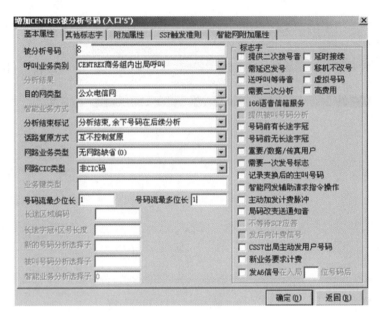

图 5-15　分析出群字冠

4）建立商务群分析子。商务群有专用的号码分析子，与在用户属性里用到的号码分析子有所区别，在号码分析中要关联"CENTREX 分析器入口"，如图 5-16 所示。

图 5-16　建立商务群分析子

注意

这里的号码分析子序号要与"增加商务群"中的号码分析子序号一致。

（3）综合话务台配置

1）设置综合排队机。在浮动菜单下执行"数据管理"→"其他数据管理"→"其他选项"→"局信息表配置"→"服务器模块号设置"→"综合排队机所在模块号设置"

命令,如图 5-17 所示,选择前台综合排队机的模块号,最好选择话务台坐席号码比较集中的模块。

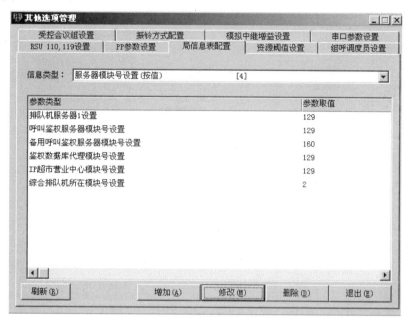

图 5-17　综合排队机所在模块号设置

2)设置坐席号码。在浮动菜单下单击"数据管理"→"其他数据管理"→"综合话务台配置",在弹出的"综合话务台配置"界面选择"坐席设置"页面,单击"增加"按钮,进行增加坐席号码,如图 5-18 所示。

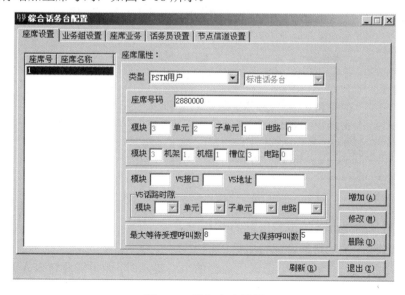

图 5-18　增加坐席号码

坐席类型可根据需要在如图 5-19 所示的"增加坐席"对话框中选择"简易话务台"或者"标准话务台"。

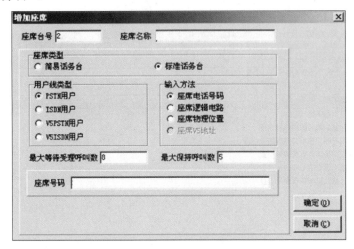

图 5-19　"增加坐席"对话框

3）增加业务组。在"综合话务台配置"界面中选择"业务组设置"页面，如图 5-21 所示。然后单击"增加"按钮，弹出如图 5-20 所示的"增加业务组"对话框，根据实际情况输入各参数。

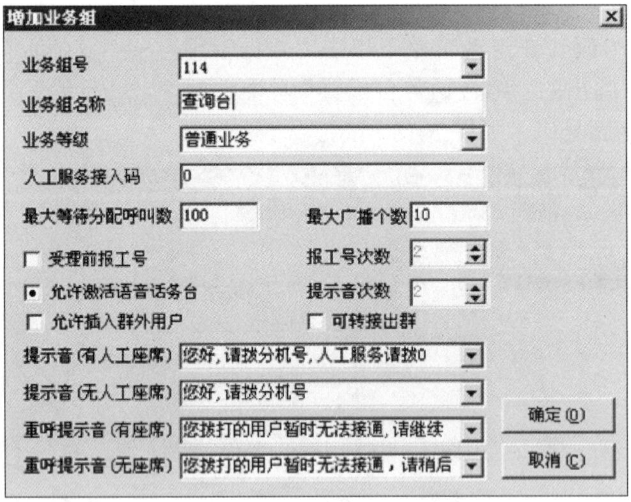

图 5-20　"增加业务组"对话框

业务组号：就是商务群或特服群的群号。

业务组名称：就是商务群或特服群的群名。

人工服务接入码：当用户听语音话务台的语音提示时，如果需要转入人工坐席受理，可以拨此接入码。

允许激活语音话务台：选中此项，表示允许激活该业务组的语音话务台。如果要使用语音话务台，商务群必须有引示线号码。

提示音（有人工坐席）：当业务组有人工坐席时，语音话务台播放的提示语音。

提示音（无人工坐席）：当业务组没有人工坐席时，语音话务台播放的提示语音。

重呼提示音（有坐席）：业务组有人工坐席，用户通过语音话务台转接不成功时，语音话务台播放的提示音。

重呼提示音（无坐席）：业务组无人工坐席，用户通过语音话务台转接不成功时，语音话务台播放的提示音。

注意

因为要给简易话务台配上语音话务台，所以，这里"允许激活语音话务台"一定要勾选上。如果是商务群，则"业务组号"必须是商务群的群号。图 5-21 中给出的是 114 查询台的业务组。

4）设置坐席业务和业务组的关系。坐席号码是为业务组服务的，业务组关联到群，所以，坐席号码是为群服务的。一个简易话务台坐席只能受理一个业务组，一个标准话务台坐席可以受理 1～5 个业务组。

在"综合话务台配置"界面的"坐席业务"页面选择"坐席号"，在"待分配业务组"中选择业务组，将业务组分配给坐席。

这里的坐席号代表的是前面设置的坐席号码。

在图 5-21 中，待分配业务组即商务群"222"，将 2 号坐席分配给 222 号商务群。

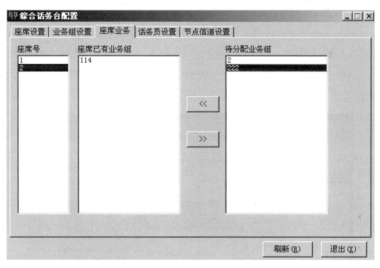

图 5-21　设置业务组与坐席关系

5）简易话务台的激活与去激活。如果配置了简易话务台，在使用前需要激活。

在浮动菜单单击"数据管理"→"动态数据管理"→"行式人机命令"，如图 5-22 所示，键入"ACT PSSOPR:SDN=PQRABCD"，其中"PQRABCD"为需要激活的号码。键入"DAC PSSOPR:SDN=PQRABCD"，则去激活。

图 5-22　人机命令

或者通过行式人机命令的选择实现，如图 5-23 所示。

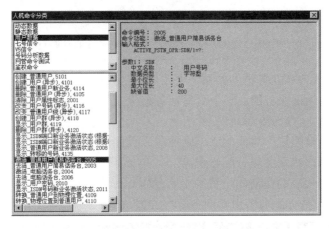

图 5-23　人机命令的选择

在话机上激活或去激活，激活热键为"＊14＃"，去激活键为"＃14＃"，如图 5-24 所示。要保证该话机使用的号码分析子中包含对"＊14＃"和"＃14＃"的分析。（在 CENTREX 号码分析器中缺省添加了这两个号码。）

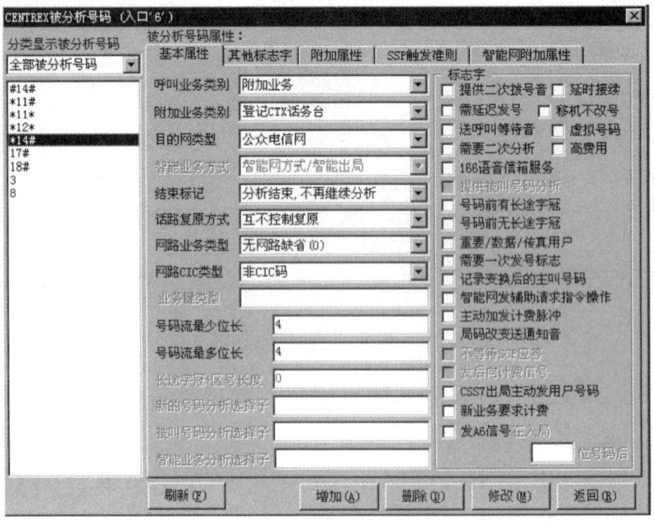

图 5-24　激活键

4 标准话务台的安装与使用

（1）标准话务台安装

标准话务台功能强大，其操作与简易话务台和语音话务台相比，要复杂得多。标准话务台需要安装终端软件（话务台软件）。

1）局域网方式通信系统的安装。话务台软件如果是安装在计算机（非服务器）上，而且这台计算机和129服务器在一个局域网内，则先要安装ZXJ10终端软件和通信程序，这里假设已经安装了ZXJ10终端软件，现在安装通信程序。如果话务台软件安装在服务器上，则没有必要再安装通信程序。

① 确保终端的计算机名符合"ZX＋区号＋局号+节点号"的命名规范，例如"ZX025001134"，节点号范围为134～253。如不符合，请修改。

② 如果以前安装过通信系统，请先找到操作系统目录下的 WIN_MGT.INI 文件，将其改名或删除。

③ 在版本安装盘的安装目录 INSTALL\NTTCP\中执行 COMSEUP.EXE，出现如图 5-26 所示的界面，选择"后台维护终端"、"本地维护终端"、"安装通信系统"单选按钮。

④ 在如图 5-25 所示界面中单击"下一步"按钮，出现如图 5-26 所示的界面，在此设置"有名节点"，图中所示是 NT 主服务器和计费服务器都在 129 服务器上的情况，如果计费服务器是分离的，例如计费服务器在 130 服务器上，应在"有名节点设置"中修改计费服务器的节点号为130。

该界面中设置的是安装话务台软件的维护终端可以访问的服务器节点。

"节点号"、"长途区号"、"局号"已经根据计算机名称自动设置，是本地维护终端的信息，一般用户不能修改。

在"节点名"下拉列表框中可设置有名节点名称及对应的节点号，范围为1～64和129～249。然后单击"<<"按钮，将其加入"有名节点设置"列表框中。

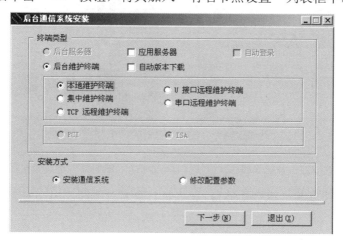

图 5-25　局域网方式通信系统安装

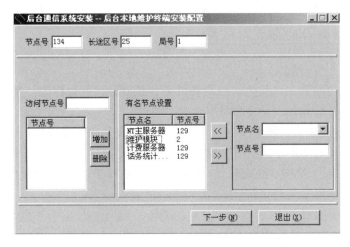

图 5-26　局域网方式有名节点设置

在"有名节点设置"列表框中选择一列表项,然后单击">>"按钮,将其输到"节点名"和"节点号"中,用户可进行修改。设置了有名节点之后,维护终端即能根据节点来访问该节点。

在"访问节点号"文本框中设置访问的节点号,该号的范围为1~64 和 129~249。单击"增加"按钮,可将"访问节点号"编辑框中的节点号加入到下方的"节点号"中。

对于节点号中的节点,本终端可不必通过服务器而直接访问该节点。

以上设置完成以后,单击"下一步"按钮结束安装,如图 5-27 所示。

2)终端软件安装。安装完终端通信系统,还需安装终端软件。终端软件在版本目录 QUEINST 文件夹下面,其安装过程如下:

① 运行\QUEINST\DISK1\SETUP.EXE,根据界面提示往下执行。

② 当安装到如图 5-28 所示界面时,需要选择设置类型。各项含义如下。

图 5-27　完成通信系统安装

图 5-28　选择"设置类型"

典型安装:将安装"综合话务台"、"114 查号台"和"用户中继状态查询台"三部分。

最小化安装:只安装"综合话务台"。

选择安装：可以选择安装"综合话务台"、"114 查号台"、"用户中继状态查询台"、"ZXJ10 通信程序"、"114 数据库"、"升级 114 数据库"、"ODBC File"和"中兴 112 话机测试"。

这里选择最小化安装。

③ 根据提示继续安装，执行到如图 5-29 所示界面时，需要输入综合话务台的台号，台号要与设置的"坐席台号"保持一致。

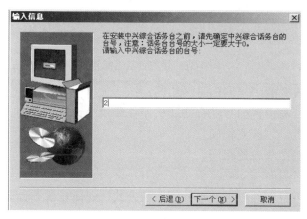

图 5-29 设置坐席台号

④ 单击"下一个"按钮，在如图 5-30 所示的界面中设置排队机所在的模块号。这里的模块号要与前面所设置的综合排队机模块号一致。

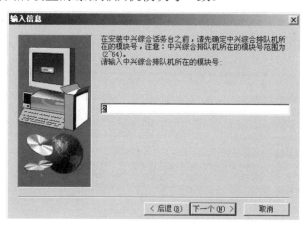

图 5-30 排队机模块号设置

⑤ 根据安装程序的提示完成安装。

⑥ 对于标准话务台来说，在前面的安装步骤完成后，需要配置终端数据，这是安装过程的最后一步。

在终端计算机上选择"开始"→"程序"→"中兴综合话务台"→"设置中兴综合话务台"菜单，在如图 5-31 所示的界面中进行话务台基本配置。

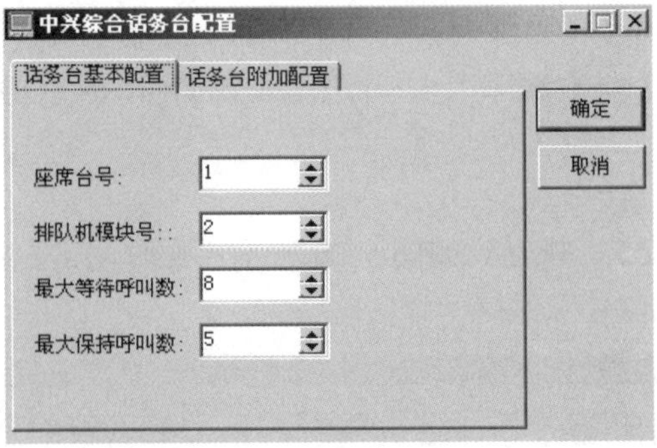

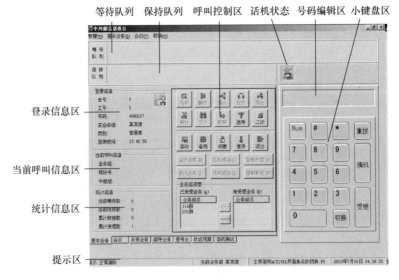

图 5-31　话务台基本配置

坐席台号：与设置的"坐席台号"相同。

排队机模块号：与设置的"综合排队机所在模块号设置"相同。

最大等待呼叫数：与设置相同。

最大保持呼叫数：与设置相同。

（2）标准话务台界面

如果在安装话务台软件时选择不同的安装方式，则标准话务台提供的功能不同，在这里重点介绍基本业务功能，有关其他功能将在以后的课程中介绍。

登录标准话务台后，话务台的基本业务界面如图 5-32 所示。为便于说明，将图分为几个区域分别说明。

图 5-32　标准话务台操作界面

1）等待队列。这里显示所有呼入本话务台的呼叫，根据不同的主叫用户属性，将显示不同颜色的图标，话务员可根据图标选择受理，保证优先用户可以得到优先受理。一个坐席台最多只能等待话务台 8 个用户，也可以在坐席设置中进行设置。

2）保持队列。话务台可对正在振铃、通话的呼叫进行保持，被保持用户在这里显示。

3）小键盘区。小键盘区完成话务台受理、转接、呼出、挂断等操作。

① 受理。当有呼叫入台时，在等待队列区显示主叫信息，如图 5-33 所示。假设 4580018 用户入台，此时单击"受理"按钮，话务员受理来话，与 4580018 用户通话，主叫信息在话机状态区域显示，如图 5-34 所示。

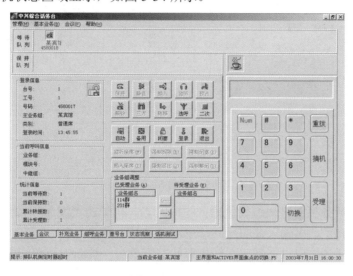

图 5-33　呼叫入台

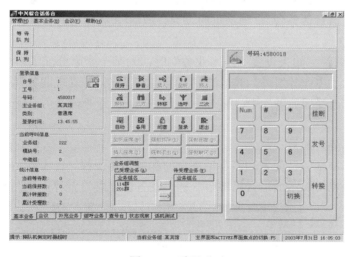

图 5-34　受理呼叫

② 转接。话务员受理来话后，"重拨"、"摘机"和"受理"三个按钮分别变为"挂断"、"发号"和"转接"，如图 5-35 所示。如果用户要求转接电话，可以在小键盘上单击数字按钮，输入被叫号码。以 4580018 用户入台呼叫为例，假设要求转接群内用户 2016，在号码编辑区，输入 2016 后，单击"发号"按钮，此时 4580018 用户听音乐，话务员听回铃（假设 2016 空闲），2016 用户摘机，话务员单击"转接"按钮，完成转接，4580018 和 2016 通话。

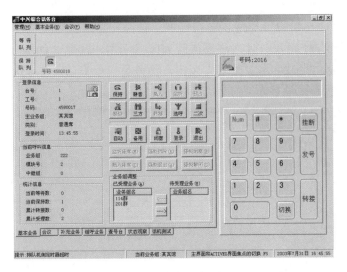

图 5-35   转接呼叫

③ 呼出。话务员在号码编辑区输入被叫号码，再单击"发号"按钮，即可呼出，也可先单击"摘机"，再输入被叫号码，单击"发号"呼出。

④ 挂断。话务员可以在呼出、转接等状态下单击"挂断"按钮，中止呼叫。

4）呼叫控制区。

① 自动。该功能用于设置或取消语音话务台，单击"自动"按钮，如果设置时选择了"允许激活语音话务台"，则这里的设置会激活/去激活语音话务台。选中为激活，不选为去激活。

② 业务组调整。如果设置"坐席业务"时，为某个坐席分配了多个业务组，则话务台登录后，除了主业务组外，其他的业务组将出现在"待受理业务"中，可以将这些业务组加入到"已受理业务"中，加入后马上生效，该话务台就可以受理加入的业务组的业务了。

（3）标准话务台配置

商务群的标准话务台配置和简易话务台的配置步骤一样，也需要先设置排队、坐席号码、业务组，也可以激活语音话务台。标准话务台坐席设置界面如图 5-36 所示。

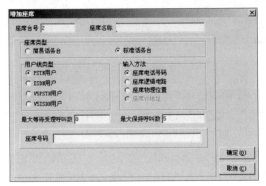

图 5-36   标准话务台坐席设置

在增加坐席时，把坐席号码修改为"标准话务台"。

当然，电脑话务台是在简易话务台的基础上实现的，可以通过如下两种修改来实现。

第一种：修改该简易话务台的用户属性并传送数据，如图 5-37 所示，在如图 5-38 所示界面中选中"可设成电脑话务台"复选框。

图 5-37　修改简易话务台的属性

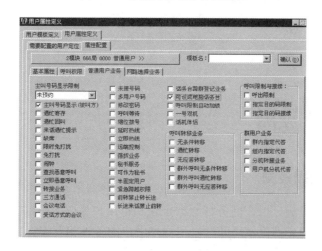

图 5-38　设置成电脑话务台

第二种：在话机上进行"电脑话务台"的激活操作，即在如图 5-39 所示界面的"分类显示被分析号码"的列表框中选择激活热键"17#"。

（4）语音话务台的激活

简易话务台和标准话务都可以使用语音话务台提供语音提示服务。

如果在业务组中设置了"允许激活语音话务台"，在使用语音话务台前，需要激活。激活的方法有以下三种：

1）在浮动菜单单击"数据管理"→"动态数据管理"→"行式人机命令"，键入"ACT PCOPR:GROUP=N:"，其中，"N"为群号；键入"DAC PCOPR:GROUP=N:"，则去激活。

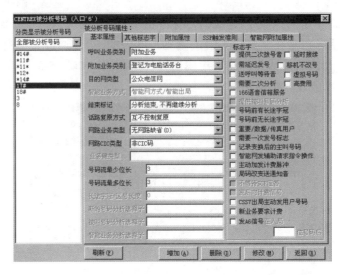

图 5-39　电脑话务台激活键

2）如果在简易话务台的话机上激活，激活热键为"17#"，去激活热键为"18＃"。要保证该话机使用的号码分析子中包含对"17#"、"18#"的分析。（在 CENTREX 号码分析器中缺省添加了这两个号码。）

3）在标准话务台终端上激活，见标准话务台使用。

5.4

案例检测

5.4.1　商务群数据检测

商务群数据的检测可以在商务群数据配置和群用户号码分析数据的制作完成以后，将数据传送到前台的交换机，通过群内和群外用户的各种相互拨打方式进行验证，利用工具"呼叫业务观察与检索"进行故障原因的跟踪和分析。

通过完成表 5-4 所列的拨打，体会不同拨打方式的区别。

表 5-4　几种拨打方式的区别

	群内小号码相互拨打	群内大号码相互拨打	群内呼叫群外用户	群外用户拨打群内用户
拨打方式				
成功/故障跟踪				
可能原因				

5.4.2　简易话务台的检测

在完成商务群数据配置以后，继续完成简易话务台激活和语音话务台激活，完成表 5-5。

表 5-5　简易话务台激活和语音话务台激活

简易话务台激活	语音话务台激活	（1）拨打引示线号码应答	根据用户提示转接	（2）拨打话务台号码应答	根据用户提示转接

转接工作过程如下：话务员拍叉簧，听拨号音，拨 B 用户号码，此时 A 用户听音乐，话务员听到回铃后挂机，A 用户听回铃音，直到 B 用户摘机，A 用户和 B 用户通话。

5.4.3　标准话务台的检测

在完成商务群数据配置以后，继续标准话务台数据制作和语音话务台的使用，实现语音话务台和标准话务台。

通过拨打引示线或者话务台号码实现转接的检测。

5.5
拓展与提高

这是 No.7 自环和商务群综合运用的任务，可以根据学校设备和学生情况进行选做。

（1）本局数据配置要求

1）建立局号 2677、2688。

2）百号为学号最后两位。

3）部分电话放号 2677××××，部分电话放号 2688××××。

4）本局所有电话互通。

（2）商务群数据配置要求

1）小号为 50××，出群字冠为 9。

2）群内电话互通。

3）群内打通群外电话。

（3）No.7 数据配置要求

1）出局局号为 2699。

2）打通自环出局电话。

3）按链路 1 跟踪 TUP 信令，记录主叫挂机信令流程。

单 元 小 结

用户群是指由 ZXJ10（V10.0）交换机的若干本局用户构成的一个逻辑单位，可分为 4 种类型，即小交换机用户群（PABXG 群）、小交换机数字用户群（ISPBX 群）、特服群和商务群（CENTREX 群）。

小交换机用户群的特征是把若干本局用户作为一个群，群内用户可以进行连选。连选是小交换机用户群的唯一特性。小交换机用户群中的用户有两类，即引示线用户和非引示线用户。当呼叫引示线用户时，可以触发连选功能。

CENTREX 商务群在公用网的设备实现了用户交换机 PABX 的功能，将交换机已有的一些用户划分成一个群，实现虚拟的小交换机功能，使用 CENTREX 业务功能的用户除了可以获得普通公用网用户的所有业务功能外，还可以具有 CENTREX 具备的特殊业务功能。

整个交换机最多可有 65 536 个 CENTREX 群，每个群的用户数无限制，可为整个交换机的容量。同时，群内用户也可分布在不同的局，即 CENTREX 群内的小号可以直接对应其他局的市话号码。群内用户种类可为模拟用户、ISDN 用户、V5 的模拟用户和 ISDN 用户。

群内用户呼叫市话用户，需要加拨出群字冠。

话务台分为简易话务台、标准话务台、语音话务台。

简易话务台是交换机的一部话机，它与 MP 的通信由交换机的内部通信链路完成。

标准话务台是一台安装了话务台软件的电脑，它与 MP 的通信可以采用 TCPIP 通信方式，此时话务台与前台及后台服务器的消息交互通过后台以太网完成。

语音话务台没有终端，它是前台 MP 的一个进程。

思 考 与 练 习

1．群内用户与群外用户号码分析的流程有什么不同？
2．如何实现群内各种新业务操作？
3．怎样定义群用户属性？
4．如何定义 CENTREX 群的引示线号码？
5．话务台分为几类？分别怎样设置？
6．语音话务台怎么激活？
7．简易话务台怎么激活？
8．电脑话务台怎么转接电话？
9．小交换机群和商务群有什么区别？
10．特服群的群号规定在什么范围？
11．在我们日常生活中接触过群和话务台没有？
12．请查阅有关 IP PBX 的资料。

单元6

后台系统安装

本单元主要涉及服务器和客户端的操作系统与数据库的安装和配置。后台系统是数字程控交换机正常运行、后台数据配置、人机交互的软件系统。

教学目标

理论教学目标

1. 了解系统服务器的概念和工作原理;
2. 掌握服务器后台软件系统组成;
3. 了解计算机硬件知识;
4. 掌握客户端后台软件系统组成;
5. 掌握服务器和客户端的硬件要求;
6. 了解数据库的作用和功能;
7. 了解计算机操作系统的功能。

技能培养目标

1. 能够熟练使用计算机的基本操作;
2. 掌握 Windows 2000 Server 操作系统的安装与配置;
3. 掌握数据库的安装与配置;
4. 掌握 BDE 支撑软件的安装;
5. 掌握 ZXJ10 软件的安装与系统配置;
6. 掌握前后台通信检测;
7. 能够综合前期基础知识,进行自学;
8. 通过讨论交流,能够熟练阐述相关基础知识;
9. 能从网络上下载更新软件获得技术支持。

ZXJ10 后台服务器可分为操作维护服务器、计费服务器、鉴权服务器。该三种服务器可分别使用终端设备单独工作,也可同时安装于一台终端设备上。在此仅以一台终端设备安装为例,介绍整个后台系统的安装。

6.1

后台服务器安装

6.1.1 系统安装准备

服务器安装的磁盘分区要求如表 6-1 所示。

表 6-1 服务器安装的磁盘分区要求

操作系统为 Windows NT 4.0，磁盘分区的要求				操作系统为 Windows 2000 Server，磁盘分区的要求			
盘符	分区格式	大小/GB	应该安装的系统	盘符	分区格式	大小/GB	应该安装的系统
C:	NTFS 或 FAT16	>2	Windows NT	C:	NTFS 或 FAT32	>2	Windows 2000 Server
D:	NTFS	>6	SQL Server	D:	NTFS	>8	SQL Server
E:	NTFS	>8	无要求	E:	NTFS	>8	无要求

目前，后台服务器的操作系统主要是基于 Windows 2000 Server 的操作系统，所以在本书中介绍的是 Windows 2000 Server 平台的后台服务器的安装。

6.1.2 Microsoft Windows 2000 Server 安装

现有计算机未安装 Windows 2000 Server，可参阅 Windows 2000 Server 安装手册进行安装，安装过程中的个别配置要求可结合本简述设置。

1）将标号为 Windows 2000 Server 的光盘插入光驱中，开机启动。

2）引导中按实际情况选择光盘驱动器类型。

3）将第一个硬盘分配成一个 4GB 的 FAT32 或 NTFS 分区。

4）将 Windows 2000 Advanced Server 系统安装光盘插入光驱中，找出它的盘符（D 或 E 等），进入 i386 目录下，执行"WINNT"，并确认系统给出的 NT 安装文件的路径（直接按"Enter"键），系统开始复制文件至 C 盘，复制完毕，按"Enter"键重启服务器，系统会自动引导并进入字符安装界面。

5）在"欢迎使用安装程序"界面按"Enter"键选择"继续安装 Windows 2000 Advanced Server"，安装程序将检测大容量存储设备。

6）在按"F8"键同意 Windows 2000 Server 许可协议后，可继续安装，否则将停止安装。

7）安装程序列出自动检测到的硬件和软件清单，按"Enter"键继续。这时安装程序列出已有的磁盘分区以及可用于创建新磁盘分区的空间，将高亮度条移动到第一个硬盘的未分区空间上，按"Enter"键安装。

8）选择"使用 NTFS 文件系统格式化此磁盘分区"，按"Enter"键继续。

9）给第二个硬盘创建一个 NTFS 分区。

10）系统将格式化分区。

11）格式化完毕，选择安装 Windows 2000 Server 文件的位置，Windows 2000 Server 安装在第一个硬盘的第一个分区，在安装程序的"高级选项"中设置选取安装目录为"\WIN2000"，按"Enter"键继续。

12）选择"允许检测硬盘"继续，系统检测硬盘后，开始复制文件。

13）选文件复制完毕，安装程序提示取出软驱中的软盘和 CDROM 中的 CD 盘，按"Enter"键，重新启动计算机，继续在图形方式下安装。

14）字符部分安装完毕，计算机从硬盘上引导 WINNT，开始图形部分安装。

15）服务器重新引导时，屏幕出现计算机已安装操作系统菜单，其中当前选项即为

WINNT 的安装菜单，按"Enter"键或 30s 后，系统进入下一步安装，这时屏幕出现蓝屏，显示操作系统名称、版本号、创建号及计算机的一些硬件，根据提示将安装光盘驱动器，单击后系统即开始图形化安装。

16）自动收集有关计算机信息，然后进入区域设置界面，设置后单击"下一步"按钮。

17）输入名称和组织，可根据实际情况输入适当的名称和组织，如局名等。如需输入中文，可按"CTRL+空格"键，进入中文拼音输入。

18）授权模式设置，选择"每服务器同时连接数"，输入"100"，设置后单击"下一步"按钮。

19）输入许可协议方式，设置成每服务器有 100 个同时连接。

20）输入计算机名称，规则为"ZX"加上本地 C3 局区号，本局局号及本机节点号。若区号为 0523，局号为 25，节点号为 129，则计算机名为 ZX523025129。输入系统管理员密码和确认密码，请务必记住该密码。设置后单击"下一步"按钮，此时系统提示计算机名不符合标准，是否继续，单击"是"按钮继续。

21）进入 Windows 2000 组件选择，请将"附件"中的"游戏"置为不选择，同时选中"网络服务"中的"域名服务系统"，设置后单击"下一步"按钮。

22）进入日期和时间设置，设置后单击"下一步"按钮，系统将自动进行网络设置。

23）系统自动进行网络设置检查后，选择"典型设置"，设置后单击"下一步"按钮。

24）在工作组或计算机域设置界面，选择"不，此计算机不在网络上，或者在没有域的网络上"，工作组或计算机域采用缺省的"WORKGROUP"，设置后单击"下一步"按钮。

25）安装程序将自动安装 Windows 2000 Server 的组件，并完成安装。

26）安装完成，单击"完成"按钮，系统将重新启动。

27）在登录界面根据提示同时按"Ctrl+Alt+Del"键，并以系统管理员"Administrator"登录，密码为安装过程中设置的密码。

28）重启服务器后请安装 PACK3 或以上版本。至此，Windows 2000 Server 安装完成。

> **注意**
>
> 1. 实验室中，登录密码可设置为空，但在现网中，后台服务器操作系统密码不要设置为空，Windows 2000 Server 安装时要选用本地登录。
> 2. Windows 2000 Server 的最新 PACK 可以在微软公司的网站上获取。

6.1.3 SQL Server 2000 安装简述

对于后台服务器来说，安装完 Windows 2000 Server 后，应该进行 SQL Server 2000 标准版的安装。

> **注意**
>
> SQL Server 2000 标准版有中英文两种版本，此处以中文版本为例说明。

SQL Server 2000 标准版的安装步骤如下：

1）把 SQL Server 2000 标准版光盘放入光驱，自动启动或双击光盘上的 Setup.exe 程序，进入安装程序，如图 6-1 所示。

图 6-1　安装选项

2）单击"安装 SQL Server 2000 组件"选项，出现"安装组件"界面，如图 6-2 所示。

图 6-2　安装组件

图 6-3　"安装程序"界面

3）单击"安装数据库服务器"选项，出现"安装程序"界面，如图 6-3 所示。

4）安装向导自动完成后，出现"欢迎"界面，如图 6-4 所示。

5）单击"下一步"按钮，出现"计算机名"界面，如图 6-5 所示。

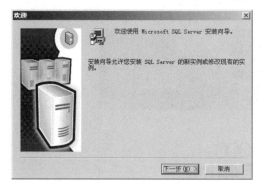

图 6-4　"欢迎"界面

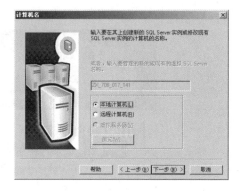

图 6-5　"计算机名"界面

6）选择"本地计算机"选项，单击"下一步"按钮，出现"安装选择"界面，如图 6-6 所示。

7）选择"创建新的 SQL Server 实例，或安装客户端工具"选项，单击"下一步"按钮，出现"用户信息"界面，如图 6-7 所示。

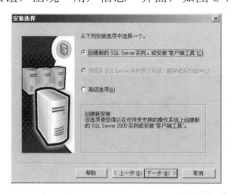

图 6-6　"选择安装"界面

图 6-7　"用户信息"界面

8）"姓名"与"公司"可按实际情况输入，单击"下一步"按钮，出现"软件许可证协议"界面，如图 6-8 所示。

9）单击"是"按钮，出现"安装定义"界面，如图 6-9 所示。

10）根据情况选择"仅客户端工具"或"服务器和客户端工具"，单击"下一步"按钮，出现"实例名"界面，如图 6-10 所示。

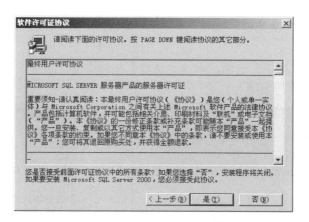

图 6-8　"软件许可证协议"界面

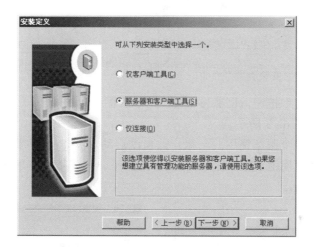

图 6-9　"安装定义"界面

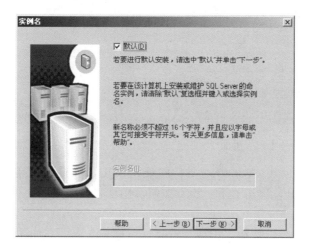

图 6-10　"实例名"界面

11）选中"默认"复选框，单击"下一步"按钮，出现"安装类型"界面，如图6-11所示。

12）一般选择"典型"选项，单击"浏览"按钮改变"程序文件"和"数据文件"的安装目录到D盘下，如图6-12所示。

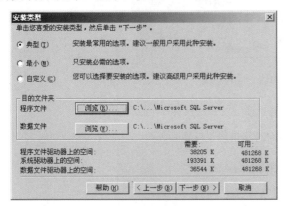

图6-11　"安装类型"界面　　　　　　图6-12　选择文件夹

13）单击"确定"按钮，回到图6-11所示界面。单击"下一步"按钮，出现"服务账户"界面，如图6-13所示。

14）选择"对每个服务使用同一帐户。自动启动SQL Server服务"，并在"服务设置"选项区中选择"使用本地系统帐户"。单击"下一步"按钮，出现"身份验证模式"界面，如图6-14所示。

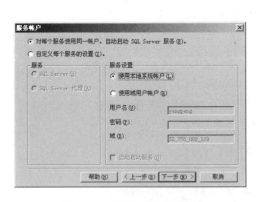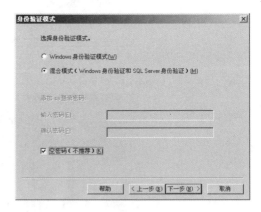

图6-13　"服务账户"界面　　　　　　图6-14　"身份验证模式"界面

15）选择"混合模式（Windows身份验证和SQL Server身份验证）"，并选上"空密码（不推荐）"复选框，单击"下一步"按钮，出现"开始复制文件"界面，如图6-15所示。

16）单击"下一步"按钮，出现"选择许可模式"界面，如图6-16所示。

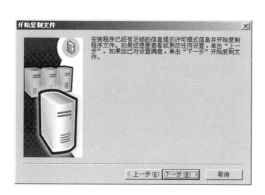 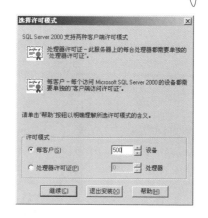

图 6-15　"开始复制文件"界面　　　　图 6-16　"选择许可模式"界面

17）选择"每客户"单选按钮，并输入 500，单击"继续"按钮，相继出现如图 6-17～图 6-20 所示界面。

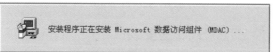

图 6-17　安装 MDAC

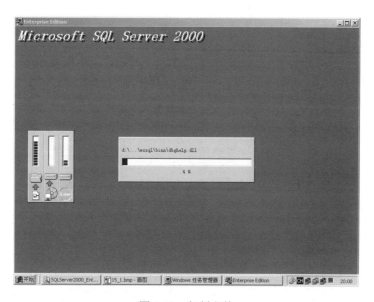

图 6-18　复制文件

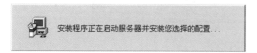 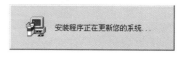

图 6-19　启动服务器　　　　　　　　图 6-20　更新系统

18）安装程序更新完系统后，出现"安装完毕"界面，如图 6-21 所示。

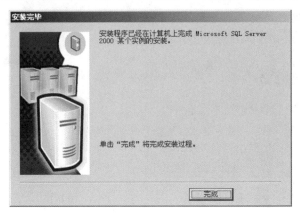

图 6-21　安装完毕

19）单击"完成"按钮，完成 SQL Server 2000 的安装。

6.1.4　环境支撑软件 ZTE_ETS 的安装

注意

对于 304B3（040303）及以前版本的安装环境支撑软件是 BDE，304B3（1013）及 V311 版本的安装环境支持软件是 ZTE_ETS。

安装前将所有应用程序关闭，选择版本目录下的 ZTE_ETS 目录，双击 Setup.exe 文件，弹出如图 6-22 所示的界面。

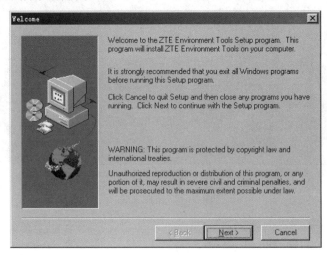

图 6-22　欢迎进入安装界面

在图 6-22 中单击"Next"按钮，弹出如图 6-23 所示的界面。

单击"Next"按钮，复制安装文件，安装完毕界面如图 6-24 所示。

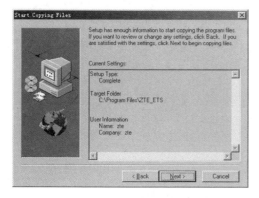

图 6-23　安装提示　　　　　　　　　　　图 6-24　安装结束

6.1.5　环境支撑软件 MDAC 2.5 的安装

对 NT 操作系统必须安装 MDAC 2.5 打 ODBC 补丁，对 Windows 2000 也需要安装（会提示已经安装了，不能继续安装，安装中断）。

注意

如果要安装 MDAC 2.5，必须保证 IE 的版本不低于 5.0。

安装前将所有应用程序关闭，选择版本目录下的 mdac 目录，如果是中文版，则运行 mdac 目录下的 CN_MDAC25.exe 文件，弹出界面如图 6-25 所示；如果是英文版，则运行 mdac 目录下的 EN_MDAC25.exe 文件。

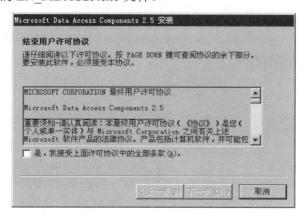

图 6-25　MDAC2.5 许可协议

选中"是，我接受上面许可协议中的全部条款"复选框。界面如图 6-26 所示。

单击"下一步"按钮，开始安装，界面如图 6-27 所示；单击"取消"按钮，放弃安装。

图 6-26　选择 MDAC 2.5 许可协议

图 6-27　开始安装

单击"下一步"按钮开始安装组件，界面如图 6-28 和图 6-29 所示。

图 6-28　安装组件

图 6-29　复制文件

安装结束，界面如图 6-30 所示。

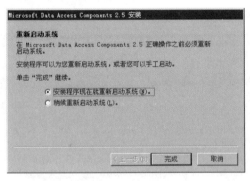

图 6-30　重新启动系统

　　安装结束，选中"安装程序现在就重新启动系统"单选按钮立刻重新启动计算机，如果不想立刻启动计算机，选中"稍后重新启动系统"单选按钮。

注意

必须要重启才能完成 MDAC2.5 安装。

单击"完成"按钮，执行选项内容；单击"取消"按钮，放弃安装。

6.1.6　后台服务器软件安装

1　后台通信系统安装

1）在资源管理器中找到该安装光盘上对应的"INSTALL.EXE"程序（也可先将版本复制到服务器上，然后找到该安装程序并执行），用鼠标双击该安装程序的图标，出现如图 6-31 所示的界面。

图 6-31　备份后台版本文件

2）在安装版本之前，系统会自动先在本地机硬盘上建立 version 目录，备份后台版本文件。接着可以选择安装项目，版本文件备份成功后即进入安装界面，如图 6-32 所示。

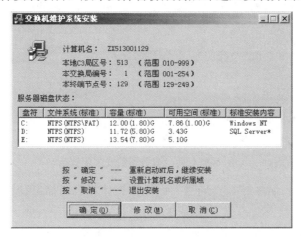

图 6-32　ZXJ10 系统安装

3）Windows NT 重新启动后，安装程序将自动继续运行，出现如图 6-33 所示的界面。

图 6-33　通信系统的安装

4）如果通信系统已经安装，则单击"否"按钮，进入后台版本的安装，界面如图 6-34 所示。如果是第一次安装，单击"是"按钮，进入后台服务器通信系统的安装。

203

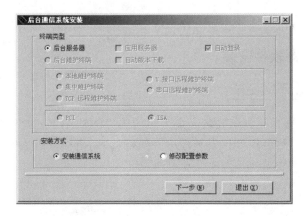

图 6-34　后台通信系统安装

5）终端类型选择"后台服务器"并且单击"下一步"按钮，弹出如图 6-35 所示的界面供用户配置服务器。

图 6-35　后台服务器的安装配置

"本节点号"、"长途区号"、"局号"已经根据计算机名称自动设置，一般用户不能修改。

在"节点名"下拉列表框中设置有名节点名称及对应的节点号。单击"<<"按钮，将其加入"本局有名节点设置"列表框中。

在"本局有名节点设置"列表框中选择一列表项，单击">>"按钮，将其输到"节点名"和"节点号"中，用户可以进行修改。

设置了有名节点之后，服务器能够根据节点来访问该节点。

6）在以上设置全部完成之后，单击"下一步"按钮，将弹出如图 6-36 所示的界面，供用户选择服务器的配置方式。

不连接远程维护终端：如果不需要远程维护终端维护本服务器，则选择此项，选择后，单击"下一步"按钮，可以结束通信系统的安装。

通过网关连接远程维护终端：如果本服务器不是远程访问网关，而又需要远程维护终端维护本服务器，则选择此项。

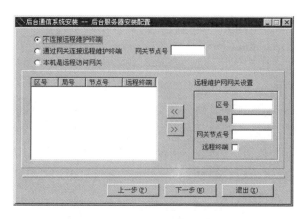

图 6-36 选择服务器的配置方式

7）如图 6-37 所示，选择"通过网关连接远程维护终端"，设置"网关节点号"，单击"下一步"按钮后，可以结束安装。

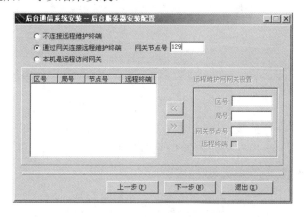

图 6-37 通过网关连接远程维护终端

8）如果本机是远程访问网关，则需选择此项。如图 6-38 所示，这里需将与本网关相连的各个远程维护网网关的节点号、局号、区号等设置好方可正常通信。

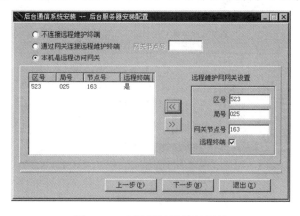

图 6-38 本机是远程访问网关

205

选中"本机是远程访问网关"单选按钮,进行下一步设置:

"区号"范围为 010~999;

"局号"范围为 1~254;

"网关节点号"范围为 134~249。

如果访问的远程网关是远程终端,则可选中"远程终端"复选框;如果不是,则不选。单击"下一步"按钮后,可以结束安装。

9)单击"下一步"按钮,可以添加 WINTCPIP 转发的网关,如图 6-39 所示。

图 6-39   WINNTTCP 转发网关配置

10)如果需要模块号扩展,则添加 WINTCPIP 转发网关;如果不需要 WINTCPIP 转发的网关,单击"下一步"按钮,通信系统安装完成,界面如图 6-40 所示。

图 6-40   后台通信系统安装结束

单击"设置通讯参数"按钮,可以设置服务器 IP 地址。单击"完成"按钮,界面如图 6-41 所示。

图 6-41   重新启动提示

11）如果修改过 IP 地址或通信参数，那么需要单击"是"按钮，重新启动计算机。第一次安装必须要重新启动，如果单击"否"按钮，将继续安装其他功能软件，安装程序读完安装信息后，计算机自动关机，重新启动计算机。至此，后台的通信系统已经安装完毕。

2 后台维护系统安装

1）在图 6-41 所示提示后重启计算机，在资源管理器中找到该安装光盘上对应的"INSTALL.EXE"程序（也可先将版本复制到服务器上，然后找到该安装程序并执行），用鼠标双击该安装程序的图标，进入交换机维护系统安装界面，单击"下一步"按钮，系统自动注销，重新启动计算机，出现如图 6-42 所示的界面。

图 6-42　通信系统是否重新安装配置

如果通信系统已经安装完毕，单击"否"按钮，进入后台维护系统的安装，界面如图 6-43 所示。

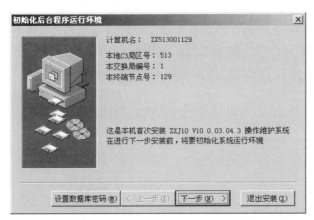

图 6-43　选择需要安装的子系统

2）当修改区号、局号重装系统或者 ZXJ10 目录被删除后，重新安装系统，这时需要修改数据库 sa 用户密码为空，单击"设置数据库密码"按钮，可以修改数据库 sa 用户的密码，如图 6-44 所示。

3）单击"确定"按钮，安装程序将进行后台程序运行环境的初始化，界面如图 6-45 所示。

4）初始化环境结束后，安装程序自动运行，界面如图 6-46 所示。

图 6-44　数据库密码设置

207

图 6-45　维护系统环境初始化

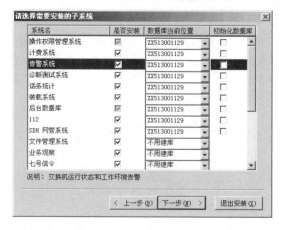

图 6-46　子系统的安装

　　5）选择想要安装的子系统，可以按下"Ctrl+A"键全选，单击"下一步"按钮，开始安装程序，如果需要将数据库数据全部清除掉或重新初始化相应的功能数据库，必须选中"初始化数据库"栏下的小方框。如图 6-47 所示为开始安装提示。

　　6）单击"开始安装"按钮，弹出如图 6-48 所示的界面。

图 6-47　开始安装

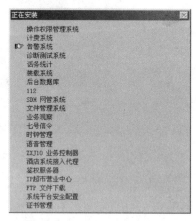

图 6-48　安装列表

　　这样，后台与前台就能正常通信，同时系统自动进行后续系统的安装。安装程序将根据前面已选择好的安装项目，依次安装其余各子系统。

　　7）通常，在大部分子系统安装过程中会出现如图 6-49 所示的进度条，表示安装的大致进展程度及当前安装所做的工作。

图 6-49　安装进度条

当然也有一些特殊的子系统安装需要人工干预，这里就不具体描述了。在所有后台系统安装结束后，系统自动退出后台安装界面。至此，后台服务器安装完毕。

3　计费服务器安装

在服务器安装时选中"计费系统"选项。单击"下一步"按钮，安装程序会依次启动计费系统的安装。

注意

在实验室安装时，我们将几个服务器都装在一台计算机上。在实际的应用中，考虑到计费的重要性及大容量性，建议计费服务器最好独立安装在 130 节点上，与 129 维护服务器分开，除非该局的话单量很小或者不需要计费。其次，要注意计费服务器数据库空间的合理分配。

1）启动计费系统的安装，安装程序开始文件复制，如图 6-50 所示。

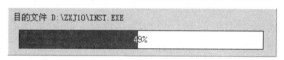

图 6-50　文件复制

2）如果是初次安装，或在安装设置中选择了"初始化数据库"，则在文件复制结束后，需要进行计费数据库初始化和设置，如图 6-51 所示。

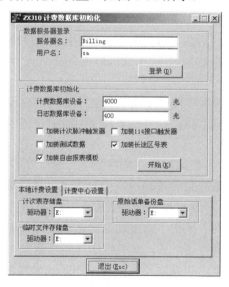

图 6-51　计费数据库初始化

服务器名：表示计费数据库服务器的名称，这里是别名，默认为 Billing，无特殊情况无需改动。

用户名：数据库的登录账号，一般用默认的 sa 账号登录。

计费数据库设备：设置系统的计费数据库空间，默认配置是 4GB，最大为 10GB，各局应该根据自己的局容量及每天的话务量估算每月产生的话单量，以便对计费数据库的大小进行适当的调整。

日志数据库设备：设置系统的日志数据库空间，默认配置是 400MB。

加装计次脉冲触发器：选中该复选框表示安装时加载计次脉冲触发器。

加装 114 接口触发器：选中该复选框表示安装时加载 114 接口触发器。

加装测试数据：系统提供了一些计费档案、出局分组、计费分组算法、算法模板等测试数据，选中该复选框表示将这些数据加载到数据库中。

加装长途区号表：选中该复选框表示将系统提供的长途区号内容加载到数据库中。

加装自由报表模板：系统提供了一些自由报表模板，选中该复选框可以将这些模板加载到数据库中。

计次表存储盘：指定计次表文件的存储盘，通常为 C 盘，因为计次表所占空间通常较小，只与用户数（计费电话档案中的用户数）有关，与话单量无关。

原始话单备份盘：指定存放 Jfyyyymm.Bil 备份话单文件的磁盘，该文件按月存放，保存了包括计次在内的原始话单信息。必须将其设在空间较大的盘上，而且最好不要与数据库处于相同的物理硬盘上，通常为 E 盘。

临时文件存储盘：指定在进行话单分拣、违例话单结算、详细话单重结算以及外部话单结算时所需要的临时文件存放盘。该盘一般应该保留较大的可用空间，建议也将它设为 E 盘。

发送文件存储盘：指定计费中心话单文件及计次表文件的存储盘，一般指定在备份盘上。

发送目的盘网络路径（远端）：如果已将计费中心路径映射到本地，则填入本地映射路径；若未映射，可以通过 Microsoft Windows NetWork 映射，则可将计费中心网络路径填入。

网络映射用户设置：若需要程序中映射计费中心网络路径，则需填入可以读写计费中心服务器的用户名及相应密码，若不需要程序中映射计费中心网络路径，则可随便填入用户名及密码。

3）数据服务器登录。一般用默认"服务器名"和"用户名"登录都会成功，弹出成功登录提示对话框；如果登录不成功，则弹出失败登录提示对话框，并退出安装。

4）计费数据库初始化。这里设置计费数据库和日志库的空间大小以及需加载的一些初始化数据。单击"开始"按钮，弹出确认对话框，如果选择"否"，则关闭对话框，可以重新设置；而如果选择"是"后，安装程序开始判断数据库空间是否设置正确，如果不正确，弹出出错对话框，重新设置数据库空间。如果原来已经建立了计费数据库，并且要重新初始化数据库，为保证操作安全，弹出提示对话框，确定后再弹出删除数据库提示对话框,选择"是"后开始重新初始化数据库。

5)设置本地计费和计费中心,然后单击"退出"按钮,完成安装。

至此,计费系统的安装就完成了。

4 话务统计软件安装

在服务器安装时选中"话务统计"选项,单击"下一步"按钮,安装程序会依次启动话务统计的安装。启动话务统计安装后,弹出"话务统计安装选项"对话框,如图6-52所示。

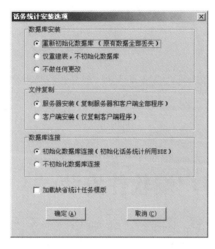

图6-52 "话务统计安装选项"对话框

数据库安装:选择安装数据库过程,只有在安装服务器时才需要安装数据库。其中,"重新初始化数据库"表示将原有数据库删除后重新建库和表,一般在新安装服务器或者不需保留原有所有数据时选择该项;"仅重建表,不初始化数据库"表示仅删除原数据库中的配置表后重新建表,但保留了具体任务相关的表;"不做任何改变"表示保留原有数据库中的所有数据。

文件复制:选择安装服务器还是客户端,从而决定复制相应的程序文件。其中,"服务器安装"表示安装话务统计服务器,需复制全部文件;"客户端安装"表示只安装话务统计客户端,仅复制客户端程序文件。在这里应该选择"服务器安装"。

数据库连接:表示是否需要初始化话务统计系统使用的BDE。在初次安装或改变了数据库连接后,选择"初始化数据库连接",否则,选择"不初始化数据库连接"。

加载缺省统计任务模板:系统提供了一些典型的任务模板,如果选中该复选框,表示安装时将这些任务加载到系统中,系统启动后,这些任务就可以运行。

完成安装配置后单击"确定"按钮,话务统计子系统即可正常安装直至安装完成。

6.1.7 服务器安装检查

后台系统正确安装完毕后,重新启动系统,进入NT操作系统,服务器将自动运行

图 6-53 "后台维护系统"图标

所安装的后台服务器进程。同时，可在 ZXJ10 目录中查找 Sysface.exe 文件，创建快捷方式，改快捷方式名为"ZXJ10 后台维护系统"，复制至桌面。在服务器的操作桌面上将会显示"ZXJ10 后台维护系统"图标，如图 6-53 所示。

双击此图标，出现"ZXJ10 后台维护系统"的浮动菜单条，如图 6-54 所示。

图 6-54 "ZXJ10 后台维护系统"的浮动菜单条

注意

启动"ZXJ10 后台维护系统"登录前必须等后台服务进程管理器启动完毕，否则不能登录。

6.2

ZXJ10 客户端软件安装

客户端软件的安装，不需要安装 SQL 数据库。在后台安装时，与服务器连接，并以"Administrator"用户登录到本地域。

6.2.1 安装步骤

1）在资源管理中找到该安装光盘上对应的"INSTALL.EXE"程序（也可先将版本复制到服务器上，然后找到该安装程序并执行），双击该安装程序的图标，将出现如图 6-55 所示的界面。

图 6-55 "服务器类型选择"界面

2）根据现场实际情况选择服务器类型。如果服务器操作系统是 Windows 2000 Server 并且数据库是 SQL Server 2000，就选择"Windows 2000 Server+SQL Server 2000"选项；

如果服务器操作系统是 Windows NT 并且数据库是 SQL Server 6.5，就选择"Windows NT + SQL Server 6.5"选项。单击"确定"按钮，界面如图 6-56 所示。

图 6-56　备份后台版本文件

3）在安装版本之前，系统会自动先在本地机硬盘上建立 version 目录，备份后台版本文件。接着可以选择安装项目，版本文件备份成功后即进入安装界面，如图 6-57 所示。

维护系统终端有近端模块维护台、远端模块服务器和远端模块维护台三种方式可供选择，远端模块服务器或维护台表示该维护终端只能维护某个模块，而近端模块维护台可以维护整个交换局，选择了远端模块服务器或远端模块维护台时需要输入远端模块主服务器的节点号，如图 6-58 所示。

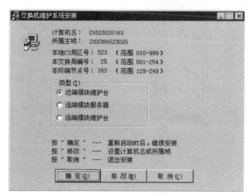 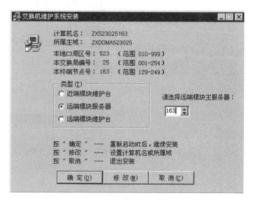

图 6-57　维护终端系统安装　　　　　　图 6-58　远端模块服务器

4）选择完成，单击"确定"按钮，注销本机登录，重新登录进入如图 6-59 所示的界面，根据现场实际情况选择服务器类型。如果服务器操作系统是 Windows 2000 Server 并且数据库是 SQL Server 2000，就选择"Windows 2000 Server + SQL Server 2000"选项；如果服务器操作系统是 Windows NT 并且数据库是 SQL Server 6.5，就选择"Windows NT＋SQL Server 6.5"选项，单击"确定"按钮。

图 6-59　服务器类型选择

5）单击"确定"按钮后进入后台运行程序环境初始化界面，对第一次安装或非第一次安装系统的情况，界面分别如图6-60和图6-61所示。

图 6-60　初次安装 ZXJ10 系统　　　　　　　图 6-61　非初次安装 ZXJ10 系统

6）单击"下一步"按钮，对初次安装系统和选择了需要初始化的环境，系统将初始化运行环境，然后进入子系统安装选择界面，如图6-62所示。

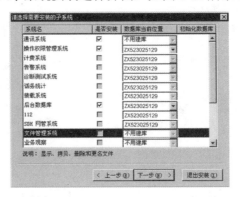

图 6-62　子系统安装选择界面

7）根据需要选择子系统后，单击"下一步"按钮，进入"开始安装"提示对话框，如图6-63所示。

8）系统开始进行子系统的安装。单击"开始安装"按钮，首先安装后台通信系统，如图6-64所示。

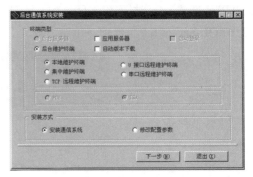

图 6-63　"开始安装"提示　　　　　　　图 6-64　后台通信系统安装

6.2.2 ZXJ10 维护终端各通信系统的安装

ZXJ10 的维护终端分本地维护终端、集中维护终端、TCP 远程维护终端、U 接口远程维护终端和串口维护终端几类。下面一一介绍其通信系统的安装方法。

（1）本地维护终端配置

在如图 6-64 所示的界面，选择"本地维护终端"选项，若本地维护终端作为应用服务器，可以选择"自动登录"选项，如图 6-65 所示使本终端系统启动后，能自动登录进入 Windows NT。

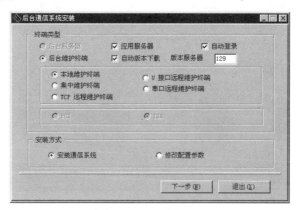

图 6-65　选择自动登录

单击"下一步"按钮，将弹出如图 6-66 所示的界面供用户配置本地维护终端。

图 6-66　配置本地维护终端

"节点号"、"长途区号"、"局号"已经根据计算机名称自动设置，一般用户不能修改。

在"节点名"下拉列表框中设置有名节点名称及对应的节点号，范围为 1～64 和 129～249。然后单击"<<"按钮，将其加入"有名节点设置"列表框中。

在"有名节点设置"列表框中选择一列表项，然后单击">>"按钮，将其输到"节点名"和"节点号"中，用户可进行修改。设置了有名节点之后，维护终端即能根据节点来访问该节点。

在"访问节点号"列表框中设置访问的节点号，该号的范围为1～64和129～249。

单击"增加"按钮，可将"访问节点号"编辑框中的节点号加入到下方的"节点号"中。对于节点号中的节点，本终端可不必通过服务器而直接访问该节点。以上设置完成以后，单击"下一步"按钮结束安装。

（2）TCP远程维护终端配置

选择"后台维护终端"的"TCP远程维护终端"选项后，单击"下一步"按钮，将弹出如图6-67所示的界面供用户配置TCP远程维护终端。

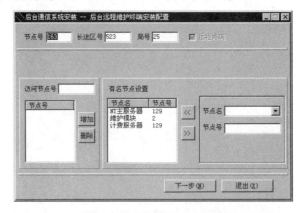

图6-67　配置TCP远程维护终端

在此界面中的设置可参照"本地维护终端"的设置，单击"下一步"按钮，将弹出如图6-68所示的界面供用户设置网关节点号。

图6-68　设置网关节点号

1）通过网关与交换局连接。选择"通过网关与交换局连接"选项后即可设置"网关节点号"，范围为134～249。

> **注意**
>
> 网关节点号不能与"本机节点号"相同。

2）选择"本机是远程访问客户机网关"选项，出现如图 6-69 所示的界面。

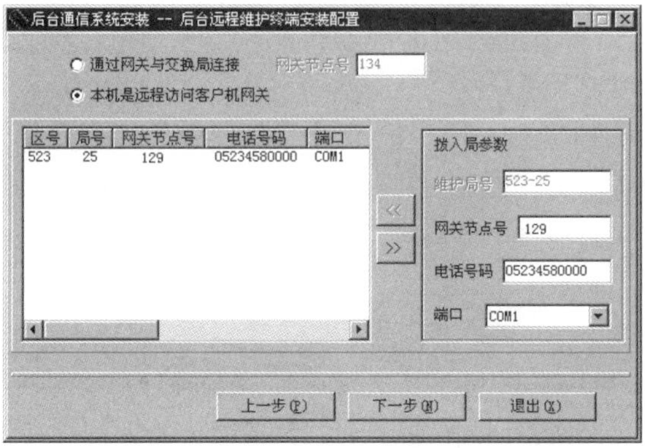

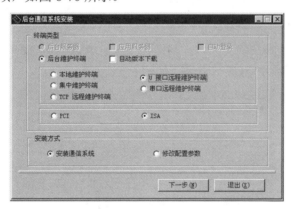

图 6-69　本机是远程访问客户机网关

设置"维护局号"，该局号只能为本局；"网关节点号"为 129～254 的数字以及"电话号码"；然后单击"<<"按钮，将其输入左边的列表框中。也可以在列表框中选中一项，然后单击">>"按钮，将其输入到右边的编辑框中，以便修改。

由于是远程访问终端，所以拨入局参数只能设置一次。

以上设置完成后，单击"下一步"按钮即可完成安装。

（3）U 接口远程维护终端配置

在如图 6-64 所示的"终端类型"中选择"后台维护终端"选项，再选择"U 接口远程维护终端"选项，如图 6-70 所示。

图 6-70　选择 U 接口远程维护终端类型

单击"下一步"按钮，弹出如图 6-71 所示的界面，用于配置 U 接口远程维护终端节点号。

单击"下一步"按钮，进入设置网关节点号界面，这里"网关节点号"即是本终端的节点号。

如果本终端装有 U 卡作为网关，选择"本机是远程 U 接口客户机"选项，如图 6-72 所示。单击"下一步"按钮即可完成安装。

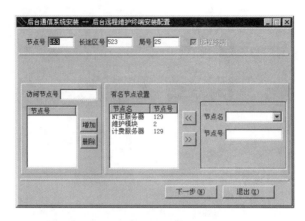

图 6-71 配置 U 接口远程维护终端节点号

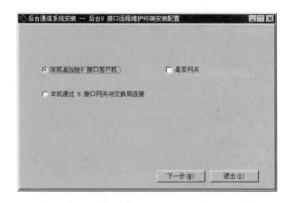

图 6-72 本机是远程客户机 U 接口网关

　　如果本机通过 U 接口网关连接，则选择"本机通过 U 接口网关与交换局连接"选项，并输入 U 接口网关的网关节点号，如图 6-73 所示。

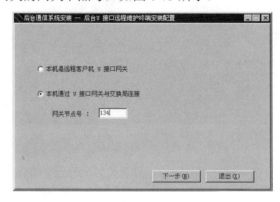

图 6-73 设置 U 卡网关节点号

　　设置"网关节点号"为"134"，然后单击"下一步"按钮即可完成安装。

（4）串口远程维护终端

　　在如图 6-64 所示的"终端类型"中选择"后台维护终端"单选钮，再选择"串口远程维护终端"单选钮后，单击"下一步"按钮，将弹出如图 6-74 所示的界面。

图 6-74　配置串口远程维护终端

在"节点名"下拉列表框中设置有名节点名称及对应的节点号，范围为 300～2000。单击"下一步"按钮即可完成安装。

（5）集中维护终端

在如图 6-64 所示的"终端类型"中选择"后台维护终端"选项，再选择"集中维护终端"选项后，单击"下一步"按钮，将弹出如图 6-75 所示的界面。

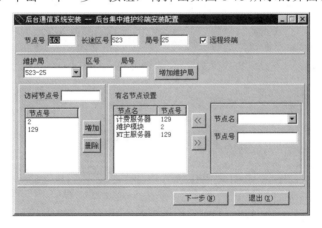

图 6-75　配置集中维护终端

在"增加维护局"按钮左边的编辑框中输入要维护的局号和区号，然后将其加入"维护局"下拉列表框中。其他部分的设置同"本地维护终端"。

如果本维护终端是远程访问终端，则设置"远程终端"选择框；如果不是，则将该选择框清除。

以上设置完成后，单击"下一步"按钮，将会弹出如图 6-76 所示的界面。

1）通过网关与交换局连接。选择"通过网关与交换局连接"选项后即可设置"网关节点号"，范围为 134～249。

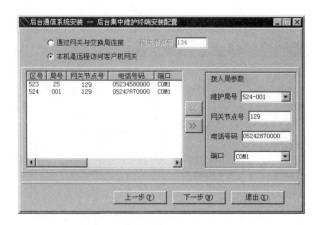

图 6-76 本机是远程访问客户机网关

2）本机是远程范围客户机网关。选择"本机是远程访问客户机网关"选项，然后设置"维护局号"，该局号只能是"维护局号"下拉列表框中设置的局号；"网关节点号"范围为 129～133 以及"电话号码"；然后单击"<<"按钮将其输入到左边的列表框中。也可以在列表框中选中一项，然后单击">>"按钮，将其输入到右边的编辑框中，以便修改。

以上设置完成后，单击"下一步"按钮即可完成安装。

通信系统安装完成后，系统提示通信系统安装结束，如图 6-77 所示。

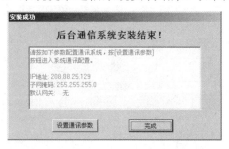

图 6-77 后台通信系统安装结束提示

这里根据后台服务器的计算给出了 IP 地址的参考值，单击"设置通讯参数"，系统自动连接到系统平台自带的网络设置界面，用户可根据提示设置计算机的 IP 地址。设置完成后请返回该界面。

IP 地址设置完成后，单击"完成"按钮，系统将自动安装安装程序并根据前面已选择好的安装项目，依次安装其余各子系统。

通常，在大部分子系统安装过程中会出现如图 6-78 所示的进度条，表示安装的大致进展程度及当前安装所做的工作。

图 6-78 安装进度条

当然，也有一些特殊的子系统安装需要人工干预，这里就不具体描述了。在所有后台系统安装结束后，系统自动退出后台安装界面。至此，维护终端安装完毕。

6.2.3 安装检查

后台系统正确安装完毕后，重新启动系统，进入 NT
操作系统，维护终端将自动运行后台登录程序
SYSFACE.EXE。为方便使用，可在桌面创建快捷方式指向
后台维护系统启动程序 C:\ZXJ10\SYSFACE.EXE 文件，同
时给该快捷方式取名为"ZXJ10 后台维护系统"，这时在服
务器的操作桌面上将会显示"ZXJ10 后台维护系统"图标，
如图 6-79 所示。

图 6-79 "后台维护系统"图标

在桌面上双击该图标，出现"ZXJ10 后台维护系统"的浮动菜单条，如图 6-80 所示。

图 6-80 "ZXJ10 后台维护系统"的浮动菜单条

单 元 小 结

后台系统是人和交换机的接口系统，维护人员通过后台系统，特别是 129 服务器对交换机进行数据配置、告警查看等操作。

ZXJ10 的后台系统采用了客户端和服务器的模式，服务器有 129 服务器、计费服务器、鉴权服务器等，客户端节点编号为 134～253，告警盘的节点号为 254。

服务器的后台系统软件由操作系统、数据库和服务器软件三部分组成。目前，后台服务器的操作系统主要是基于 Windows 2000 Server 的操作系统

客户端的后台系统软件可以没有数据库。

对于 304B3（040303）及以前版本的安装环境支撑软件是 BDE，304B3（1013）及V311 版本的安装环境支持软件是 ZTE_ETS。

检测后台系统是否正常可以采用"Ctrl+Alt+F12"组合键，查看前后能否正常通信。前后台如果不能正常通信，则需要检查从服务器到 MP 之间的所有通信链路，如后台服务器软件本身、服务器网卡 IP 地址、以太网交换机、前台 MP 的 IP 地址文件 IPconfig、MP 的背板网线插槽等相关因素。

交换机运行的所有数据保存在前台的 MP 中，所产生的话单以原始话单的方式保存，定时传送给后台服务器和客户端。

思考与练习

1. 后台系统和前台交换机采用什么协议通信？
2. 后台系统的节点组成有哪些？
3. 后台系统采用的操作系统可以有哪些？
4. ZXJ10 后台系统的服务器数据库软件是什么？
5. ZXJ10 后台系统的服务器软件版本号是什么？
6. ZXJ10 后台服务器有哪些？
7. 描述一下后台系统传递数据到前台交换的数据流程。
8. 怎么确定后台系统的计算机名？
9. 怎么确定后台系统的 IP 地址？
10. 客户端和服务器有什么区别？
11. 服务器后台系统中，"进程管理器"和"后台维护系统"先启动哪个？
12. "进程管理器"中哪三个进程属于通信系统？
13. "后台维护系统"的超级密码是什么？
14. 在后台系统中，怎样查看前台交换机的文件？

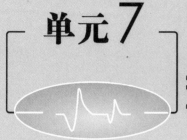

单元7
交换新技术

本单元简单介绍交换技术发展的两个新方向——NGN 和光交换技术，着重介绍 NGN 的概念、软交换的系统架构、软交换的协议和组网，以及全光通信、光交换器件、各种光交换网络等前沿技术，帮助学生认识通信在人们生活中的重要作用和对未来生活产生的重要影响。建议学生通过查阅资料、制作课件、分组讨论交流的方式参与学习。

教学目标

理论教学目标

1. 了解 NGN 的产生背景和概念;
2. 了解软交换技术的背景;
3. 掌握软交换的系统架构;
4. 了解 H.248 协议模型;
5. 了解 SIGTRAN 协议的作用;
6. 了解 SIP 协议的模型;
7. 熟悉软交换的组网应用;
8. 了解全光通信的概念;
9. 熟悉光交换器件;
10. 掌握各种光交换网络。

技能培养目标

1. 能够利用互联网查阅资料;
2. 能够参与讨论获取信息;
3. 能够综合分析判断通信的发展方向;
4. 能够有效地利用其他参考资料。

通信在不断的发展,交换技术的发展也是日新月异。人们对通信业务的需求已经不仅仅满足于电话通信业务,而是由语音变为集数据、图像、语音为一体的多媒体通信。这种需求对网络带宽、传输速率、业务质量保证等方面提出了更高的要求。软交换和光交换技术的发展为通信业务的融合提供了便利的条件。

7.1

软交换与下一代网络体系

7.1.1 下一代网络

下一代网络(Next Generation Network,NGN)实质是一个具有松散定义的术语,泛指不同于当前一代的未来的网络体系结构。以目前通信和计算机网络的发展趋势,NGN 是指能够以数据为中心、基于开放的网络架构,提供包括语音、数据、多媒体等多种业务的融合网络体系，具体包括以下几个方面：

1）下一代交换网络——软交换网络体系。

2）下一代接入网络——光接入网络、无线接入网络等。

3）下一代传送网络——包括新一代的 MSTP、ASON 等。

4）下一代移动网络——包括 3G、4G 等。

5）下一代互联网络——IPv6。

如图 7-1 所示为下一代网络示意图。

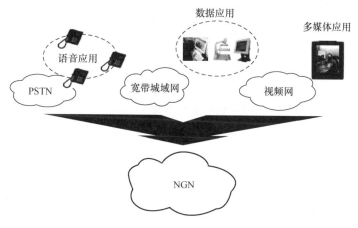

图 7-1　下一代网络

7.1.2　基于软交换的 NGN

1　软交换技术

软交换技术起源于美国企业网应用。在企业网络内部，用户可以采用基于以太网的电话，通过呼叫控制软件，实现 IP PBX 功能。传统的电路交换设备主要由通信设备厂商提供，设备复杂，价格昂贵，网络运营与维护成本高。受到 IP PBX 的启发，通信界提出了一种思想：将传统的交换设备软件化，分为呼叫控制和媒体处理，两者之间采用标准协议通信，呼叫控制实际上是运行与通用硬件上的软件，媒体处理将 TDM 转换为基于 IP 的媒体流，于是软交换（Soft Switch）技术产生了。

2　NGN 的架构

NGN 的体系采用分层、开放的体系结构，各实体采用开放的协议和接口，从而打破了传统电信网络封闭的格局，实现多种异构网络间的融合。

基于软交换技术的 NGN 是业务驱动的网络，通过呼叫控制、媒体交换及承载的分离，实现了开放的分层架构，各层次网络单元通过标准协议互通，可以各自独立演进，以适应未来技术的发展。基于软交换的 NGN 架构从功能上可以分为接入层、承载层、控制层、业务层四个层次，如图 7-2 所示。

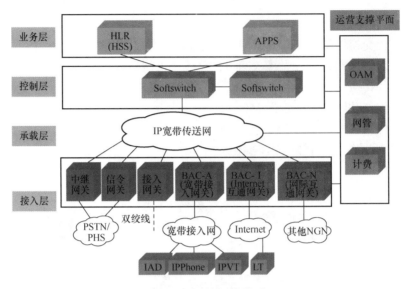

图 7-2   NGN 架构体系

（1）接入层

接入层提供各种用户终端，用户驻地网和传统电信网接入到网络的网关，主要设备有信令网关、媒体网关、宽带网关、多媒体终端等。

1）信令网关。信令网关（Signaling Gateway）完成电路交换网（基于 MTP）和包交换网（基于 IP）之间的 SS7 信令的转换功能。它是跨接在 No.7 信令网和 IP 宽带传送网之间的设备，负责对 SS7 信令和 IP 消息之间进行翻译或转换。在软交换系统中，提供完整的信令点和信令转接点功能，一般都采用信令适配协议 M3UA。

信令网关一般应用于传统的 PSTN 语音网络的 No.7 信令支撑系统和软交换网络连接的接口。

2）媒体网关。媒体网关（Multiservice Access Gateway，MAG）主要实现媒体流的转换，根据网关电路侧的接口不同，又分为中继网关（Trunk Gateway）和接入网关（Access Gateway）。总体来说，媒体网络提供语音处理功能，包括语音信号的编码解码、压缩等，DTMF 信号的生成和检测，对非 SS7 信号的处理等。

3）宽带网关。宽带网关（BGW）用于公私网络的互联，提供地址转换、流量统计以及流控、业务优先级、拥塞控制等特色功能。

4）多媒体终端。多媒体终端具有强大的业务支撑能力，每个终端需要一个公网 IP 地址才能实现通信，满足用户个性化的业务需求，常见的有 SIP 终端、MGCP 终端、H.248 终端和 IAD 终端等。

（2）承载层

承载层采用 IP 宽带传送网将信息格式转换为 IP 数据信息，提供各种多媒体业务的传输通道。

（3）控制层

控制层提供呼叫控制、协议处理能力。软交换位于控制层，是整个网络的核心，为实时性要求高的业务呼叫控制和连接控制功能。控制层具有以下功能。

1）连接控制功能：通过 MGCP 或者 H.248 协议控制媒体网关、综合接入设备等媒体流的连接、建立和释放。

2）呼叫控制功能：通过 SIP 协议，控制 SIP 终端上呼叫的连接、建立和释放。

3）认证鉴权功能：完成对用户合法身份的认证和鉴权。

4）路由功能：实现 E.164 地址、IP 地址等转换功能。

（4）业务层

业务层利用各种资源为用户提供丰富多彩的网络业务和资源管理。

1）APPS（Application Server）：向第三方业务开发商提供标准应用编程接口（API），以及业务生成环境；完成业务创建和维护功能。

2）HLR（Home Location Register）：作为固网、NGN 用户数据属性存储及管理中心，提供网络智能化功能之外，同时作为 PHS HLR 以及将来中国 3G 移动网 HLR，为业务融合打下基础。

当然每个厂家和营运商在实现软交换网络时，架构和方案不完全相同。如图 7-3 所示是中兴通讯的软交换架构和产品体系。

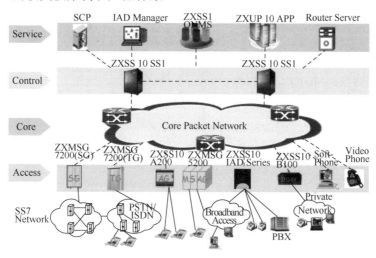

图 7-3　中兴通讯 NGN 架构和产品体系

3　软交换协议

软交换网络是一个开放的体系结构，各功能模块之间采用标准协议进行通信。

在 NGN 中，控制集中于 SS（软交换）核心控制设备，所以大多数的协议发生在 SS 和其他设备之间。例如，SS 和 PSTN 网络时间采用七号信令 SS7，作为呼叫控制协议；SS 与 AG（接入网关）、TG（中继网关）之间采用 H.248 作为媒体控制协议；SS 与 SG 之间采用 SIGTRAN 作为信令传输协议；SS 与 SS 之间采用 SIP 或者 SIP-I 协议。软交换中的协议如图 7-4 所示。

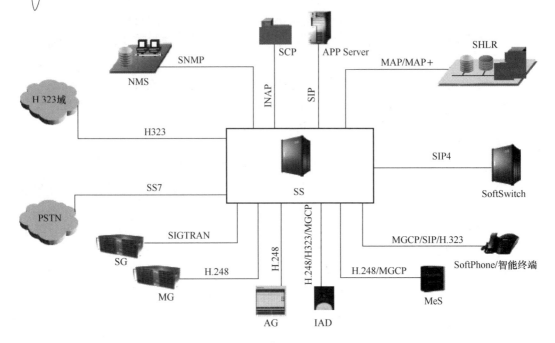

图 7-4　软交换中的协议

下面对协议按照功能进行分类。

媒体控制协议：MGCP、H.248。

呼叫控制协议：SIP、H.323、SS7。

信令传输协议：SIGTRAN。

应用支撑协议：Parlay、Radius 等。

这里重点介绍媒体控制协议、呼叫控制协议和信令传输协议。

（1）H.248 协议

正如一提 Internet 我们就会想到 TCP/IP 一样，一提 NGN 便会想到 H.248。H.248 是庞大的 NGN 协议体系中最为重要的协议。

H.248 是媒体控制协议，发生在媒体网关控制器（MGC）即软交换控制器和媒体网关（MG）之间。如图 7-5 所示，在软交换中，采用了网关分离的思想，将业务和控制分离，控制和承载分离，H.258 正是网关分离的产物，其主要作用就是将呼叫逻辑控制从媒体网关分离出来，使媒体网关只保持媒体格式转换功能。

H.248 协议采用了 ASN.1 和文本行两种编码方式，对多媒体业务和多方会议支持更好。

H.248 协议的目的是对媒体网关的承载连接行为进行控制和监视。为此，首要的问题就是对媒体网关内部对象进行抽象和描述，提出了网关的连接模型概念，构建了终端和关联域的网关模型，如图 7-6 所示。

终端：媒体流的源和宿。一个终端可以终结一个或多个媒体流，分为半永久性终端、临时性终端和 Root 终端。

关联域：代表一组终端之间的相互关系。

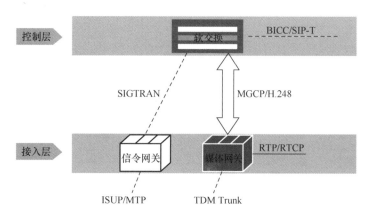

图 7-5 H.248 协议与网关分离

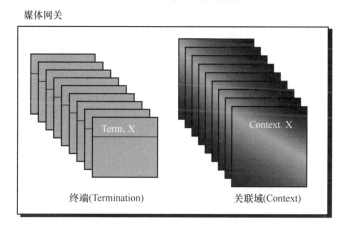

图 7-6 H.248 协议模型

（2）SIP

SIP（Session Initiation Protocol）又称为会话协议，是呼叫控制协议。它是一个基于文本的应用层控制协议，独立于底层协议，用于建立、修改和终止 IP 网上的双方或多方的多媒体会话。SIP 如图 7-7 所示。

SIP 支持代理、重定向、登记定位用户等功能，支持用户移动，与 RTP/RTCP、SDP、RTSP、DNS 等协议配合，可支持和应用于语音、视频、数据等多媒体业务，同时可以应用于 Presence（呈现）、Instant Message（即时消息，类似 QQ）等特色业务。

User Agents ：用户代理，一个发起和终止会话的实体，包含两个功能实体。

Proxy Server：代理服务器，与重定向服务器及位置服务器有联系，为其他的客户机代理，进行 SIP 消息的转接和转发。

Location Server：位置服务器，是一个数据库，用于存放终端用户当前的位置信息，为 SIP 重定向服务器或代理服务器提供被叫用户可能的位置信息。

Redirect Server：重定向服务器，将用户新的位置返回给呼叫方。呼叫方可根据得到的新位置重新呼叫。

Registrar Server：登记服务器，接受 REGISTER 请求完成用户地址的注册，支持鉴权的功能。

在软交换体系中，一些功能实体充当服务器的功能，比如 SS 核心控制器就可以作为代理服务器和登记服务器。

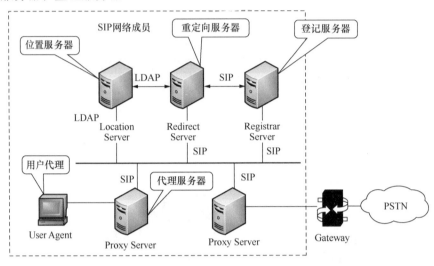

图 7-7　SIP

（3）SIGTRAN 协议

基于分组交换的软交换体系必须要与传统 PSTN 的信令网进行互通。但"尽力而为"（Best Effort）的 IP 网无法满足电信网的高可靠性、高实时性的信令传输要求。为此，必须寻找一种办法来解决。

如图 7-8 所示为 SIGTRAN 协议与信令网关。

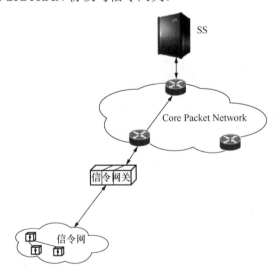

图 7-8　SIGTRAN 协议和信令网关

SIGTRAN 有效解决了电信网信令在 IP 网中高可靠性、高实时性传输的问题，保证电路交换网络（Switched Circuits Network，SCN）的信令（主要是七号信令）在 IP 网络中的可靠传输。SIGTRAN 一般发生在信令网关中。

如图 7-9 所示为 SIGTRAN 协议模型。

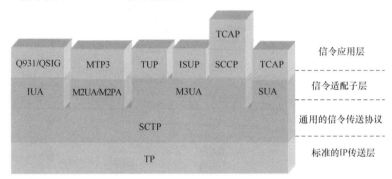

图 7-9　SIGTRAN 协议模型

通过信令适配子层 M3UA、SUA、IUA、M2UA、M2PA 和通用的信令传送协议（SCTP）的转换和翻译，使电路交换中的七号信令网络的信令 TCAP、IUSP、TUP、MTP3、SCCP 和 Q931 等协议能够通过底层的 IP 协议来传输，在 IP 承载网络上传递。

4　软交换组网案例

软交换组网在现网中已经得到广泛应用，下面以中兴通讯的组网为案例展示。

（1）NGN 新型多媒体本地网

NGN 新型多媒体本地网如图 7-10 所示。

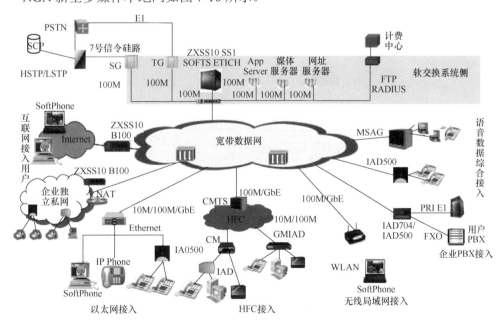

图 7-10　NGN 新型多媒体本地网

（2）PSTN 长途分流方案

PSTN 长途分流方案如图 7-11 所示。

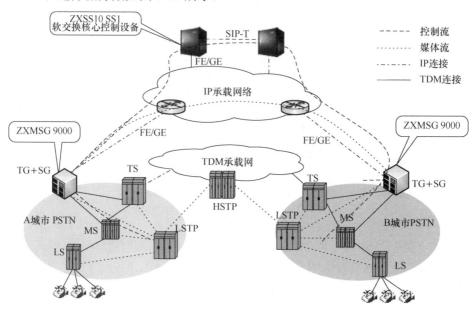

图 7-11　PSTN 长途分流方案

（3）汇接局改造方案

汇接局改造方案如图 7-12 所示。

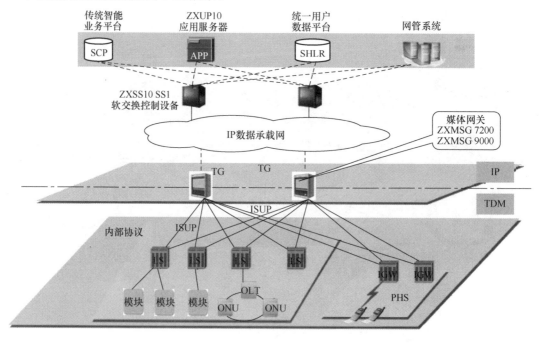

图 7-12　汇接局改造方案

7.1.3 IMS 技术

IP 多媒体子系统（IP Multimedia Subsystem，IMS）是在 3GPP R5 阶段提出的一个新的域，它基于 IP 承载，叠加在 PS（分组域）之上，为用户提供文本、语音、视频、图片等不同的 IP 多媒体信息。IMS 已成为业界公认的 NGN 的主体架构以及 FMC 的理想平台，IMS 初期应用以固定接入为主，提供 VOIP、多媒体业务。

如图 7-13 所示为 IMS 和传统业务架构的比较。

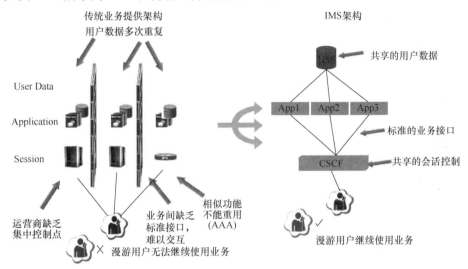

图 7-13　IMS 和传统业务架构比较

IMS 采用融合的网络架构，其多种接入方式、多种通信服务、多种媒体业务都采用统一的账号，统一的账单。

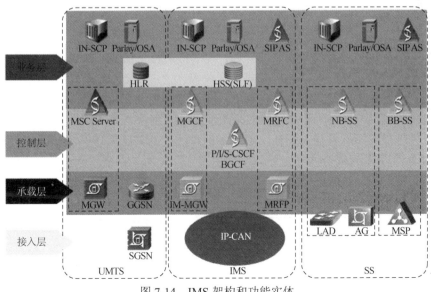

图 7-14　IMS 架构和功能实体

233

IMS 架构继承了软交换技术的控制与承载分离的思想，引入 MSC Server 和 MGW，类似窄带软交换技术。终端设备 UE 与网络 CS 域的业务控制，仍然遵循 Telco 严格的业务定义和控制流程的传统。

IMS 架构和功能实体如图 7-14 所示。

7.2 全光交换技术

7.2.1 全光通信网络

全光通信网络是指用户和用户之间的信号传输与交换全部采用光波技术，即信息从源点到目的点都以光信号的形式呈现。

全光通信是历史发展的必然。在目前的电子交换与光传输体系中，光—电和电—光转换接口是必需的，如果采用全光通信，则可以避免这些昂贵的转换器材，而且在全光网络中，大多采用无源光学器件，能够大大降低成本。同时，由于电子系统的电子器件速率的影响，电子交换的速率受限，要达到更高速率则要借助于光交换网络来实现。

全光通信网络主要包括全光交换、全光中继、全光复用与解复用、全光交叉连接等部分。

7.2.2 光交换器件

光交换器件是实现全光网络的基础，主要有光开关、光存储器、光波长转换器等。

1 光开关

光开关的作用是将光信号切断或开通，其次将某路光信号转换到另外一路光通道上去，可以分为机械式光开关和非机械式光开关等。

机械式光开关靠光纤或光学元件移动，使光路发生改变；非机械式光开关依靠电光效应、磁光效应、声光效应和热光效应来改变波导折射率，使光路发生改变。衡量各种光交换开关性能的指标有插入损耗、串扰、消光比（开关比）、开关响应速度和功耗。

如图 7-15 所示为耦合波导光开关示意图。

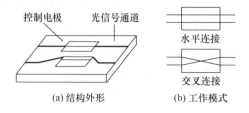

图 7-15　耦合波导光开关

耦合波导光开关一般采用铌酸锂（LiNbO₃）的衬底上制作一对条形光波导以及一对控制电极构成。光波导即光信号通道。当两个很接近的波导进行适当的耦合时，通过两个波导的光束将发生能量的交换，只要耦合系数、平行波导等参数选择合理，那么光束就会在两个波导上完全交错。另外，若在电极上加上适当的电压，将会改变波导的特性，进而获得两路波束的平行和交叉连接两种状态。

2　光存储器

光存储器即光缓存器，是时分光交换系统的关键器件，实现光信号的存储，进行光时隙的交换。

常用的光存储器有双稳态激光二极管和光纤延时线两种。双稳态激光器可用做光缓存器，但是它只能按位缓存，而且还需要解决高速化和容量扩充等问题；光纤延时线是一种比较适用于时分光交换的光缓存器。它以光信号在其中传输一个时隙时间经历的长度为单位，光信号需要延时几个时隙，就让它经过几个单位长度的光纤延时线。

3　光波长转换器

另外一种用于光交换的器件是光波长转换器，如图 7-16 所示。最直接的光波长转换是光—电—光转换，即将波长为 λ_i 的输入光信号，由光电探测器转换为电信号，然后再去驱动一个波长为 λ_j 的激光器，或者通过外调制器去调制一个波长为 λ_j 的输出激光器。

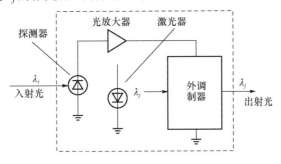

图 7-16　光波长转换器

这种方法不需要再定时。另外，几种波长转换器是在控制信号（可以是电信号，也可以是光信号）的作用下，通过交叉增益、交叉相位或交叉频率调制以及四波混频等方法实现一个波长的输入信号转换成另一个波长的输出信号。

7.2.3　光交换网络

光交换网络完成光信号在光域的直接交换，不需通过光—电—光的转换。根据光信号的分割复用方式，相应的也存在空分、时分和波分三种信道的交换。若光信号同时采用两种或三种交换方式，则称为混合光交换。这里的光交换网络不是整个全光通信网络，而是完成具有光交换功能的由微观的光交换器件构成的大规模器件，类似于集成电路。

1 空分光交换网络

空分光交换（Space Optical Switch）的实现是几种交换方式中最简单的一种。该交换使输入端任一信道与输出端任一信道相连，完成信息的交换。空分光交换网络由开关矩阵组成。最基本的空分光交换网络是 2×2 光交换模块，如图 7-17 所示。

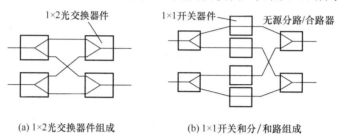

(a) 1×2 光交换器件组成　　　　(b) 1×1 开关和分/和路组成

图 7-17　2×2 光交换模块

空分光交换模块有以下几种：

1）铌酸钾晶体定向耦合器。

2）由 4 个 1×2 光交换器件组成的 2×2 光交换模块，该 1×2 光交换器件可以由铌酸锂方向耦合器担当，只要少用一个输入端即可。

3）由 4 个 1×1 开关器件和 4 个无源分路/合路器组成的 2×2 光交换模块，其中 1×1 开关器件可以是半导体激光放大器、掺铒光纤放大器、空分光调制器，也可以是 SEED 器件、光门电路等。

2 时分光交换网络

时分光交换采用光技术来完成时隙互换。但是，它不是使用存储器，而是使用光延迟器件。

如图 7-18 所示为时分光交换网络。

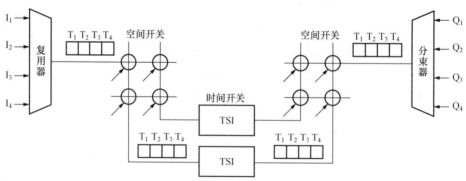

图 7-18　时分光交换网络

时分光交换网络的工作原理是：首先，把时分复用信号送入空间开关分路，使它的每条出线上同时都只有某一个时隙的信号；然后，把这些信号分别经过不同的光延迟线器件，使其获得不同的时间延迟；最后，再把这些信号经过一个空间开关复用重新复合起来，时隙互换就完成了。

3 波分光交换网络

波分复用系统采用波长互换的方法来实现交换功能。波长开关是完成波长交换的关键部件。可调波长滤波器和变换器是构成波分光交换的基本元件。

（1）波长互换型

波长互换的实现是从波分复用信号中检出所需波长的信号，并把它调制到另一波长上去。

（2）波长选择型

从各个单路的原始信号开始，先用某种方法，如时分复用或波分复用，把它们复合在一起，构成一个多路复用信号，然后再由各个输出线上的处理部件从这个多路复用信号中选出各个单路信号来，从而完成交换处理。

如图 7-19 所示为波长选择型光交换网络。

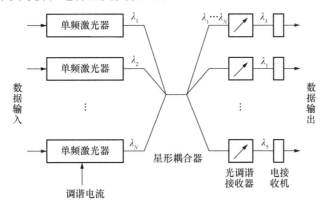

图 7-19　波长选择型光交换网络

图 7-19 可以被看成是一个 $N×N$ 阵列型波长交换系统，N 路原始信号在输入端分别去调制 N 个可变波长激光器，产生出 N 个波长的信号，经星形耦合器后形成一个波分复用信号、在输出端可以采用光滤波器或相干检测器检出所需波长的信号。该结构的波长选择方式有以下几种：

1）发送波长可调，接收波长固定。

2）发送波长固定，接收波长可调。

3）发送和接收波长均按约定可调。

4）发送和接收波长在每一节点均为固定，由中心节点进行调配。

单 元 小 结

下一代网络（NGN）是一个以软交换为核心，光网络和 IP 分组传输技术为基础的开放式融合网络。软交换技术实现了业务的融合，能够为用户提供丰富多彩的多媒体业务，形成了分层的全开放的体系架构，是一个革命性的突破，采用了业务和控制分离、接入和承载分离的思想。

软交换技术采用了开放式的标准接口，在软交换网络和其他网络之间，软交换网络的各功能实体之间运行着 H.248、SIGTRAN、SIP 等协议。

IMS 即 IP 多媒体子系统，继承了软交换的思想，其多种接入方式、多种业务都采用统一的账号。

光交换技术是一门具有美好前景的交换技术，随着光器件技术的不断发展，光交换将显示它强大的生命力，并且将成为交换技术的未来。

光交换技术和光传输技术的发展，决定未来的通信网络将是全光通信网络和无线通信网络。全光通信是指用户与用户之间的信息传输和交换全部采用光作为信息的载体，网络中所有的通信节点都采用光技术。

实现光交换的设备是光交换机。光交换机的主要器件有光开关、光波长转换器和光存储器。

光交换网络完成光信号的直接交换，不需要进行光—电转换，光交换技术主要有空分、时分和波分三种交换方式，如果同时采用多种方式，则成为混合光交换网络。

思考与练习

1. 简述什么是下一代网络。
2. 基于软交换的下一代网络的架构分为几层？
3. 软交换技术中主要采用了哪些协议？这些协议应用在什么地方？
4. 简述 H.248 协议在网关分离模型中的作用。
5. 简述 SIP 的模型结构。
6. 在 SIP 中作为用户代理服务器的一般是软交换系统的哪类功能实体？
7. SIGTRAN 协议的作用是什么？
8. 什么是 IMS 技术？统一账号有什么好处？
9. 什么是全光通信网络？它有什么优点？
10. 光交换和传统的电交换技术有什么区别？
11. 光交换机的器件主要有哪些？
12. 光交换网络主要有哪些种类？
13. 什么是混合光交换网络？
14. 如何看待光交换技术的发展？
15. 如何看待通信技术未来的发展方向？
16. 查阅资料，思考通信网和互联网的发展趋势。

参 考 文 献

陈永彬. 2009. 现代交换原理与技术[M]. 北京：人民邮电出版社.

贾跃. 2010. 程控交换设备运行与维护[M]. 北京：科学出版社.

黎雯霞. 2009. 程控交换设备维护[M]. 北京：北京邮电大学出版社.

刘振霞，马志强. 2007. 程控数字交换技术[M]. 西安：西安电子科技大学出版社.

姚先友，王甜甜. 2007. 数字程控交换技术[M]. 深圳：清大协力 NC 教育管理中心.

中兴通讯股份有限公司. 2007. 后台软件安装与后台文件分册[M]. 深圳：中兴通讯学院.

中兴通讯股份有限公司. 2007. 数字程控交换机故障专题培训教材第四册[M]. 深圳：中兴通讯学院.

中兴通讯股份有限公司. 2007. 数字程控交换机系统数据及用户数据配置分册[M]. 深圳：中兴通讯学院.

中兴通讯股份有限公司. 2007. ZXJ10 数字程控交换机 B 培授课手册[M]. 深圳：中兴通讯学院.